石油化工设备技术问答丛书

汽轮机技术问答

（第三版）

张克舫　沈惠坊　编著

中国石化出版社

内容提要

本书以问答的形式，围绕汽轮机的相关技术，多角度地回答了汽轮机基本原理、结构、热力系统及辅助设备、汽轮机调节及供油系统，以及汽轮机日常运行。维护及故障处理等方面的焦点问题。

本书特为石油化工行业从事汽轮机操作及维护的技术人员和工人而作，并在第二版的基础上做了许多增改，加强了实用性和可操作性。

图书在版编目(CIP)数据

汽轮机技术问答/张克舫，沈惠坊编著．—3版．—北京：中国石化出版社，2011.6(2024.4重印)
(石油化工设备技术问答丛书)
ISBN 978-7-5114-0952-2

Ⅰ.①汽… Ⅱ.①张… ②沈… Ⅲ.①蒸汽透平-问题解答 Ⅳ.①TK26-44

中国版本图书馆CIP数据核字(2011)第094440号

中国石化出版社出版发行

地址：北京市东城区安定门外大街58号
邮编：100011　电话：(010)57512500
发行部电话：(010)57512575
http://www.sinopec-press.com
E-mail：press@sinopec.com
北京艾普海德印刷有限公司印刷
全国各地新华书店经销

*

787毫米×1092毫米32开本7.25印张152千字
2024年4月第3版第9次印刷
定价：18.00元

序

设备是企业进行生产的物质技术基础。现代化的石油化工企业，生产连续性强、自动化水平高，且具有高温、高压、易燃、易爆、易腐蚀、易中毒的特点。设备一旦发生问题，会带来一系列严重的后果，往往会导致装置停产、环境污染、火灾爆炸、人身伤亡等重大事故的发生。因而石油化工厂的设备更体现了设备是企业进行生产、发展的重要物质基础。“基础不牢、地动山摇”。设备状况的好坏，直接影响着石油化工企业生产装置的安全、稳定、长周期运行，从而也影响着企业的经济效益。

确保石油化工厂设备经常处于良好的状况,就必须强化设备管理,广泛应用先进技术,不断提高检修质量,搞好设备的操作和维护,及时消除设备隐患,排除故障,提高设备的可靠度,从而确保生产装置的安全、稳定、长周期运行。

为了加强企业“三基”工作，适应广大石油化工设备管理、操作及维护检修人员了解设备，熟悉设备，懂得设备的结构、性能、作用及可能发生的故障和预防措施，以提高消除隐患，排除故障，搞好操作和日常维护能力的需要，中国石化出版社针对石油化工厂常见的各类设备，诸如，各类泵、压缩机、风机及驱动机、各类工业炉、塔、反应器、压力容器，各类储罐、换热设备，以及各类工业管线、阀门管件等，组织长期工作在石油化工企业基层，有一定设备理论知识和实践经验的专家和专业技术人员，以设备技术问答的形式，编写了一系列“石油化工设备技术问答丛书”，供大家学习和阅读，希望对广大读者有所帮助。本书即为这套丛书之一。

中国石化设备管理协会副会长　胡安定

目　　录

第一章　基本概念及汽轮机的分类型号

1. 状态参数有哪几个？焓的意义是什么？

表明工质状态特性的各物理量称为工质的状态参数。状态参数包括：温度(T)、压力(p)、比体积即比容(v)、热力学能(u)、焓(h)和熵(s)。其中基本状态参数有温度、压力、比体积。

在有关热工计算中，常有 $h=u+pv$ 出现，把它定义为比焓，用符号 h 表示，即当1kg工质通过一定的界面流入热力系统时，储存于它内部的热力学能当然也带进了系统，同时还把从外部功源获得的推动功 pv 也带进了系统，因此系统中因引进1kg工质而获得的总能量是比焓(h)。在热力设备中，工质总是不断地从一处流到另一处，随着工质的移动而转移的能量是焓，故在热力工程的计算中焓有更广泛的应用。

2. 什么是声速？什么是马赫数？

声速(音速)是在连续介质中微弱扰动产生的压力波传播的速度，以 a 表示。对于理想气体定熵过程有

$$a=\sqrt{kpv}=\sqrt{kR_gT}$$

式中　k——气体定熵指数；

R_g——气体常数。

因此，声速不是一个固定不变的常数，它与气体的性质 k、R_g 及其状态 p、v 或 T 有关，也是状态参数。在流动过程

中，流道各个截面上气体的状态在不断地变化着，所以各个截面上的声速也在不断地变化。所以声速有“当地声速”之称。

在研究气体流动时，通常把气体的流速与当地声速的比值称为马赫数，用符号 Ma 表示，即 $Ma=\frac{c}{a}$。当 $Ma<1$ 时，即气流速度小于当地声速，称为亚声速；当 $Ma=1$，气流速度等于当地声速；当 $Ma>1$ 时，气流速度大于当地声速，气流为超声速。

3. 气流流速的改变需要哪些条件？

气流速度的改变首先需要力学条件。可以推导出 $\frac{dp}{p}=-kMa^2\frac{dc}{c}$，由公式可见，$dc$ 和 dp 的符号是始终相反的。这说明，气流在流动过程中如流速增加，则压力必然降低；如压力升高，则流速必降低。上述结论易于理解，因为压力降低时焓值降低，即热能减少，而气流在流动过程中总能量是守恒的，所以动能增加，即气流速度必然增大。

气流速度变化时，由于参数的变化，导致气流流通截面积也发生变化。可以从等熵流动的基本方程组中推导出有利于流速变化的几何条件 $\frac{dA}{A}=(Ma^2-1)\frac{dc}{c}$，从公式可知，当流速变化时，气流截面面积的变化规律不但与流速是增加还是降低有关，而且还与流速是亚音速气流还是超音速气流有关。

4. 喷嘴中气流参数如何变化？喷嘴有什么形状？

气流通过喷嘴，因绝热膨胀，压力降低 $dp<0$、流速增加 $dc>0$，所以气流截面的变化规律是：

（1）当马赫数 $Ma<1$，即气流亚声速流动时，$dA<0$，气流截面收缩，即渐缩形；

（2）当马赫数 $Ma=1$，即气流以声速流动时，$dA=0$，气流截面缩至最小；

（3）当马赫数 $Ma>1$，即超声速流动时，$dA>0$，气流截面扩张，即渐扩形。

相应地，对喷嘴的要求是：对亚声速气流要做成渐缩喷嘴；对超声速气流要做成渐扩喷嘴；对气流由亚声速连续增加到超声速时要做成渐缩渐扩喷嘴（缩放喷嘴），或称拉伐尔喷嘴。喷嘴截面形状与气流截面形状相符合，才能保证气流在喷嘴中充分膨胀，达到理想加速的效果。各种喷嘴的形状如图 1－1 所示。

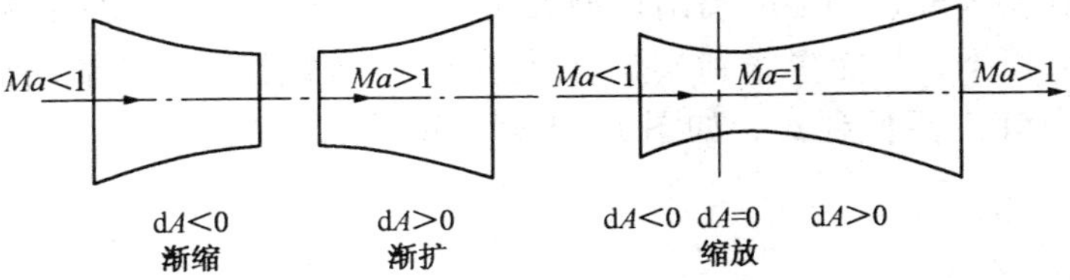

图 1－1　喷嘴（$dp<0$，$dc>0$，$dv>0$）

5. 什么是临界状态？

缩放喷嘴的最小截面处称为喉部，喉部处气流速度是声速。缩放喷嘴的最小截面是气流从 $Ma<1$ 向 $Ma>1$ 的转换面，所以喉部截面也叫临界截面，截面上各参数均称临界参数，临界参数用相应参数加下标 cr 表示，如临界压力 p_{cr}，临界温度 T_{cr}，临界比体积 v_{cr} 和临界流速 c_{cr} 等。临界压力 $p_{cr}=v_{cr}\cdot p_0^*$，p_0^* 为进口滞止压力，$v_{cr}=\left(\dfrac{2}{k+1}\right)^{\frac{k}{k-1}}$

为临界压力比，仅与气流性质有关。对于水蒸气，过热蒸汽的 $k=1.3$，$v_{cr}=0.546$；干饱和蒸汽，如取 $k=1.135$，$v_{cr}=0.577$。

6. 渐缩喷嘴出口能达到多大流速?

渐缩喷嘴的出口气流速度的最大值只能达到当地声速。渐缩喷嘴出口的速度能否达到声速还取决于背压 p_b(喷嘴出口截面外压力)的大小。

当喷嘴背压发生变化，只要背压仍大于临界压力，即 $p_b>p_{cr}$，理论上喷嘴内气体总是能够完全膨胀，出口截面上的压力 p_1 维持背压 p_b，即 $p_1=p_b>p_{cr}$，如图 1－2 中曲线 *AB* 所示。当背压变化到正好等于 p_{cr}时，喷嘴内气流完全膨胀到 $p_1=p_b=p_{cr}$，如图中曲线 *AC* 所示。如背压进一步变化到 $p_b<p_{cr}$，渐缩喷嘴出口截面上的气体压力 p_1 不能降低到 p_{cr}以下，只能膨胀到 p_{cr}。气流在喷嘴外发生自由膨胀，压力由 p_{cr}降低到 p_b，如图 1－2 *ACD* 所示。

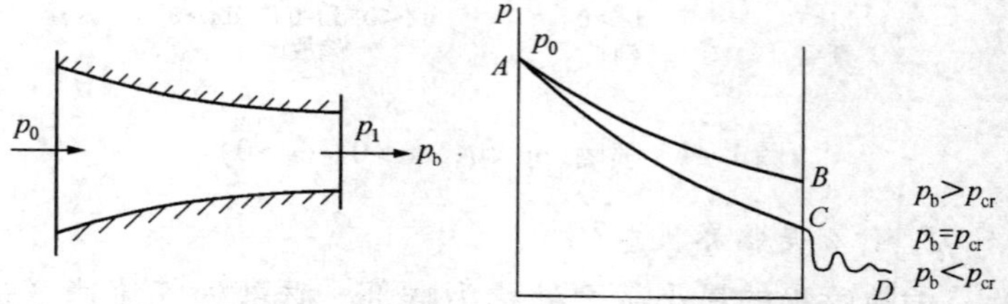

图 1－2　渐缩喷嘴中压力变化曲线

7. 汽轮机中采用什么形状的喷嘴?

在汽轮机中的喷嘴一般做成斜切的，如图 1－3 所示。图(a)是渐缩斜切喷嘴，在渐缩喷嘴后面还有一段不完整的渐扩部分即斜切部分。采用渐缩斜切喷嘴主要有两个原因。

一是结构上的原因，为了使喷嘴出口气流进入动叶有良好的方向 α_1，推动动叶片做功。另外，当喷嘴出口压力 p_1 小于临界压力 p_{cr}时，蒸汽在喉部 AB 截面只能膨胀到临界压力 p_{cr}，在喉部 AB 处得到声速气流。因为斜切部分 ABC 是渐扩的，因此蒸汽在斜切部分继续膨胀，在斜切出口 AC 截面得到超声速气流。

但斜切部分的膨胀能力也是有限的，当蒸汽的膨胀充满整个斜切部分时，即斜切部分的膨胀能力完全用完时，则喷管的膨胀达到了极限，此时出口 AC 膨胀到的压力称为极限压力 p_d。极限压力 p_d 与喷嘴进口滞止压力 p_0^* 之比，称为极限压力比 ε_d，即 $\varepsilon_d = \dfrac{p_d}{p_0^*}$ 。

可以证明，$\varepsilon_d = \dfrac{p_d}{p_0^*} = \left(\dfrac{2}{k+1}\right)^{\frac{k}{k-1}}(\sin\alpha_{1g})^{\frac{2k}{k+1}}$。对于一定的蒸汽，极限压比 ε_d 只与喷嘴出口安装角 α_{1g}有关，α_{1g}越小，ε_d 就越小，蒸汽在斜切部分的膨胀能力越大。一般 $\alpha_{1g} = 10° \sim 22°$，当 $\alpha_{1g} = 16°$，$k = 1.3$ 时，$\varepsilon_d = 0.1272$。

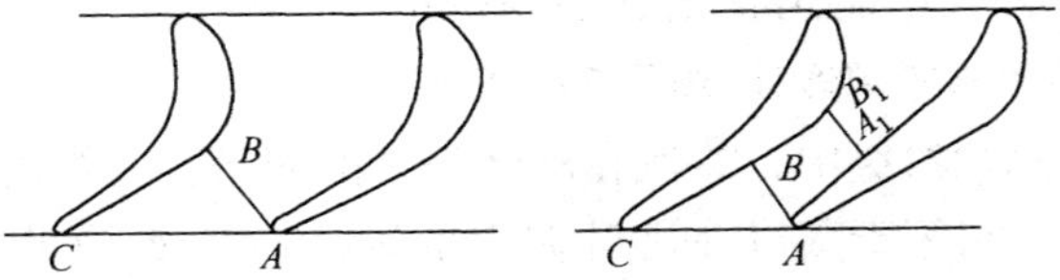

(a) 渐缩斜切喷嘴　　(b) 缩放斜切喷嘴

图 1－3　斜切喷嘴

8. 汽轮机的基本工作原理是什么？

汽轮机是利用水蒸气的热能来作功的旋转式原动机。汽轮机在工作时先将水蒸气的热能转变为水蒸气的功能，再把

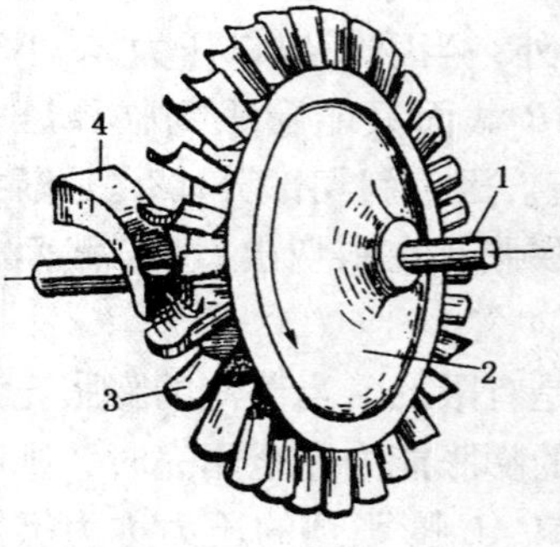

图1－4　最简单的汽轮机结构示意图
1—转轴；2—叶轮；
3—动叶片；4—喷嘴

水蒸气的动能转变成转轴旋转的机械功。

图1－4是最简单的单级汽轮机结构示意图。

固定在转轴1上的叶轮2，装有许多工作叶片3(也叫动叶片)。具有一定压力和温度的水蒸气首先通过固定不动的、环状布置的喷嘴4，蒸汽在喷嘴通道中压力降低，蒸汽的速度增加，在喷嘴出口处得到速度很高的汽流。在喷嘴中完成了由蒸汽的热能转变为蒸汽动能的能量转换过程。从喷嘴出来的高速气流以一定的方向进入装在叶轮上的工作叶片通道(也称为动叶栅)，在动叶栅中蒸汽速度的大小和方向发生变化，对叶片产生一个作用力，推动叶轮旋转作功，完成由蒸汽动能到轮轴旋转的机械功的转变。

9. 什么是汽轮机级的反动度?

在汽轮机级中，蒸汽在动叶栅中的膨胀程度常用反动度Ω表示，它等于蒸汽在动叶栅中的理想焓降Δh_b(也称等熵焓降)与整级的滞止等熵焓降Δh_t^*之比，即

$$\Omega=\frac{\Delta h_b}{\Delta h_t^*}=\frac{\Delta h_b}{\Delta h_n^*+\Delta h_b}$$

式中　Δh_t^*——整级滞止等熵焓降，$\Delta h_t^*=\Delta h_n^*+\Delta h_b$；

Δh_b——动叶栅中的等熵焓降；

Δh_n^*——喷嘴中的滞止等熵焓降。

显然，$\Omega=0$ 为纯冲动级。通常说的反动级是指 $\Omega \approx 0.5$ 的级，其特点是，蒸汽在动叶栅中的膨胀程度与喷嘴相同。因此，这种级的动叶片与喷嘴叶片有相同的叶形。由于反动级的效率比纯冲动级高，因此一般的冲动级常带有不大的反动度。冲动式汽轮机的前几级反动度不大于10%～15%，最后几级的反动度可达20%～30%。

10. 什么是冲动级？有何特点？

在纯冲动级中，蒸汽只在喷嘴叶栅中膨胀、压力降低，在动叶栅中不膨胀、压力保持不变，其动叶片为对称叶片，动叶进口安装角 β_{1g} 等于动叶的出口安装角 β_{2g}，即 $\beta_{1g}=\beta_{2g}$。如图1－5(a)所示，气流在动叶栅中的速度(指相对速度)的大小在理论上保持不变，由于叶片形状的弯曲，气流的方

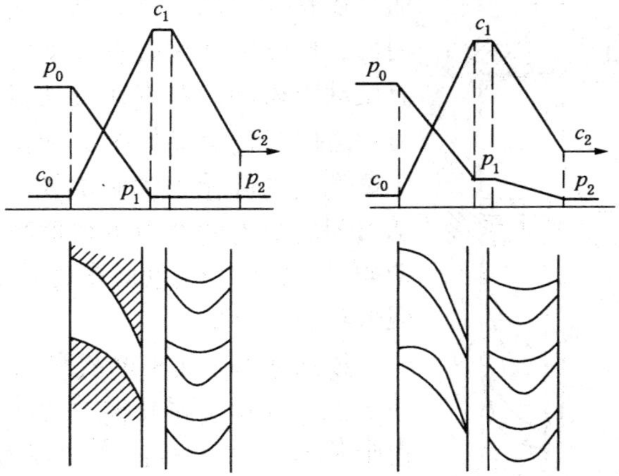

(a) 纯冲动级　　(b) 冲动级

图1－5　蒸汽在冲动级中的流动

向发生了变化，对动叶片产生一个冲击力，使叶轮旋转作功。纯冲动级做功能力大，但流动效率低，现代汽轮机中已不采用。

由流体力学知识可知，加速气流可以改善气流的流动状况，为了提高汽轮机级的效率，冲动级应具有一定的反动度（$\Omega=0.05\sim0.1$），这时蒸汽的膨胀大部分在喷嘴中进行，只有一小部分在动叶栅中继续膨胀，也称为冲动级，即带有反动度的冲动级，如图1－5(b)所示，通常$\beta_{2g}=\beta_{1g}-(3°\sim5°)$。

11. 什么是反动级？有何特点？

在反动级中，蒸汽不仅在喷嘴中膨胀加速，而且在汽流流经动叶栅通道时，继续膨胀加速，即蒸汽在动叶栅中，不仅气流的方向发生变化，而且其相对速度也有所增加。因此，动叶片不仅受到喷嘴出口高速气流的冲动力作用，而且还受到蒸汽离开动叶栅时的反作用力，所以反动级既有冲动力做功又有反动力做功。蒸汽在反动级中的压力和速度变化情况如图1－6所示。由于蒸汽在动叶栅中膨胀加速，是在冲动力和反动力的合力下使叶轮转动做功的，所以反动级的效率比冲动级高，但做功能力较小。

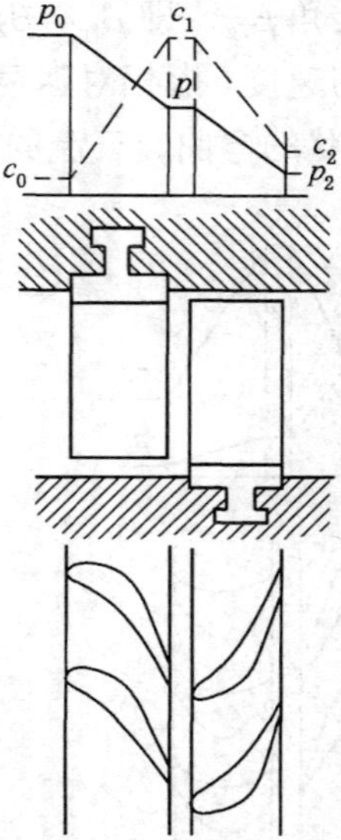

图1－6　蒸汽在反动级中的流动

反动度$\Omega\approx0.5$的级称为典型反动级，蒸汽在喷嘴叶栅和动叶栅中的膨胀各占一半左右，流动情况一样，所以喷嘴叶片和动叶片完全相同，喷嘴出口安装角α_{1g}等于动叶的出口安装

角 β_{2g}，这样方便了设计和加工制造，只是反向安装。

12. 什么是速度级？有何特点？

速度级的特点是在一个叶轮上装有两列或三列动叶栅，在两列动叶栅之间有一列装在汽缸上的、固定不动的导向叶栅。图1－7是双列速度级的示意图。在速度级喷嘴中蒸汽的速度由 c_0 增加至 c_1，蒸汽经过第一列动叶栅后，其动能未被充分利用，从第一列动叶栅流出的汽流速度 c_2 仍相当大，有足够的动能再去推动叶片，但此时汽流速度 c_2 的方向与叶片旋转的方向相反，因此让气流经过一列固定不动的导向叶片，以改变气流的方向。在导向叶片通道中，气流速度的大小不变，气流离开导向叶片时的方向正好对着第二列动叶片的进口。这样第一列动叶栅出口的余速动能就可以在第二列动叶栅中继续转变为机械功。这种双列速度级的功率可比单列冲动级大许多。如果蒸汽离开第二列动叶栅时的速度仍比较大，那么还可以装设第二列导向叶片和第三列动叶片，这就是三列速度级。由于蒸汽在速度级中的速度很大，并且需要经过几列动叶片和导向叶片，因此速度级的能量损失较大，列数越多，损失越大。所以为了结构简单和运行的经济性，几乎不用三列及三列以上

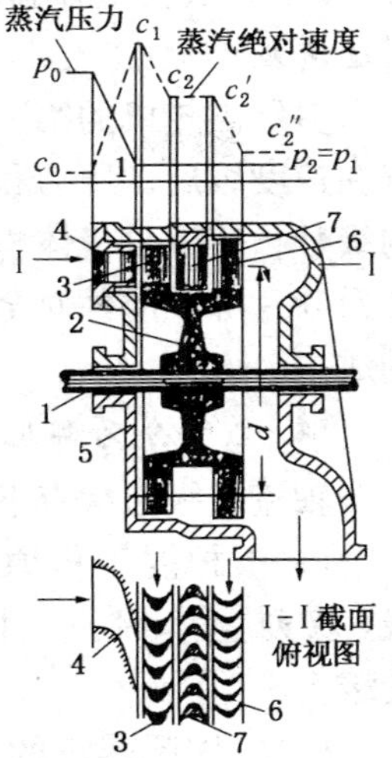

图1－7 具有双列速度级的单级汽轮机

1—轴；2—叶轮；3—第一列动叶片；4—喷嘴；5—汽缸；6—第二列动叶片；7—导向叶片

的速度级。

13. 现代大功率高参数汽轮机为什么第一级大都采用双列速度级？

多级汽轮机的第一级往往采用双列速度级，这样可使蒸汽在速度级后，压力和温度都降低较多，不仅可以减少全机的级数，使汽轮机体积紧凑，而且可使速度级后面部分的汽缸及叶片等零部件对金属材料的要求降低，从而降低汽轮机的成本。

14. 级可分为哪几类？

轴流式级通常有下列几种分类方法。

（一）根据工作原理，可分为冲动级、反动级和复速级（双列速度级）。冲动级有纯冲动级和带反动度的冲动级。

（二）按照蒸汽的动能转换为转子机械能的过程不同，级可分为压力级和速度级。压力级是以利用级组中合理分配的压力降或比焓降为主的级，效率较高，又称单列级。压力级可以是冲动级，也可以是反动级。速度级有双列和多列之分，如复速级，它是以利用蒸汽流速为主的级，级的比焓降较大。

（三）按级通流面积是否随负荷大小而变，汽轮机级可分为调节级和非调节级。在采用喷管调节的汽轮机中，第一级的通流面积是可以随负荷变化而改变的，这种改变另一个原因是部分进汽，我们称它为调节级，调节级可以是复速级，也可以是单列级。

15. 汽轮机如何分类？

汽轮机的分类方法很多，如表 1－1 所示。

表1－1　汽轮机的分类

分类方法	类　型	简要说明
按工作原理	冲动式汽轮机	主要由冲动级组成。现代冲动式汽轮机中，蒸汽在动叶栅中有少量膨胀，仍属冲动式汽轮机
	反动式汽轮机	主要由反动级组成
	混合式汽轮机	一般前几级为冲动级，后几级为反动级
按热力过程	凝汽式汽轮机	除少量回热抽汽外，大部分排汽在高度真空状态下排入凝汽器凝结成水
	背压式汽轮机	没有凝汽器，排汽在高于大气压力状态下排出，直接用于供热或工业用汽
	调节抽汽式汽轮机	从汽轮机某级后抽出一定压力的部分蒸汽对外供热或工业用汽，根据用户需要对抽汽压力进行自动调节。分一次调节抽汽和两次调节抽气
	中间再热凝汽式汽轮机	进入汽轮机的蒸汽膨胀到某一压力后，被全部抽出送往锅炉的再热器再次加热，再返回汽轮机继续膨胀做功
	抽汽背压式汽轮机	具有调整抽汽的背压式汽轮机
按新蒸汽参数	低压汽轮机	新蒸汽压力小于1.5MPa
	中压汽轮机	新蒸汽压力为2～4MPa
	高压汽轮机	新蒸汽压力为6～10MPa
	超高压汽轮机	新蒸汽压力为12～14MPa
	亚临界压力汽轮机	新蒸汽压力为16～18MPa
	超临界压力汽轮机	新蒸汽压力大于22.1MPa
	超超临界压力汽轮机	新蒸汽压力大于32MPa

续表

分类方法	类　型	简要说明
按汽流方向	轴流式汽轮机	各级叶栅沿轴向依次排列，汽流方向的总趋势是轴向的。大多数汽轮机是轴流式的
	辐流式汽轮机	各级叶栅沿半径方向依次排列，汽流方向的总趋势是半径方向的
按用途	电站汽轮机	用于拖动发电机，转速固定不变。主要是凝汽式，也有热电联供的
	工业汽轮机	用于拖动风机、水泵等转动机械，其转速可以变动
	船用汽轮机	驱动船舶螺旋桨

还可按汽缸数目可分为单缸、双缸和多缸汽轮机；按布置方式可分为单轴、双轴汽轮机；按工作状态分为固定式和移动式（如列车电站）汽轮机等。

16. 国产汽轮机的型号如何规定？

汽轮机的种类很多，为便于使用，通常用一定的符号来表示汽轮机的基本特性，这个符号组称为汽轮机的型号。目前国产汽轮机的型号组成如下：

第一组用汉语拼音符号表示汽轮机的型号，具体见表 1－2。汉语拼音符号后面的数字表示汽轮机的额定功率，单位为 MW。

表 1－2　汽轮机类型代号

代号	型　号	代号	型　号	代号	型　号
N	凝汽式	CC	两次调整抽汽式	Y	移动式
B	背压式	CB	抽汽背压式	HN	核电汽轮机
C	一次调整抽汽式	CY	船　用		

第二组蒸汽参数用数字表示，分为几组，中间用斜线分

开，各级数字代表的意义见表1－3。表1－3所用的单位：

蒸汽压力——MPa；

蒸汽温度——℃。

第三组数字表示变型设计的序号，按原型设计制造的汽轮机，无此序号。

表1－3　蒸汽参数的表示方式

类　型	参数表示方法	示　例
凝汽式	蒸汽初压	N50－8.83
凝汽式（具有中间再热）	蒸汽初压/蒸汽初温/再热温度	N300－16.7/538/538
抽汽式	蒸汽初压/高压抽汽压力/低压抽汽压力	CC12－3.43/0.98/0.12
背压式	蒸汽初压/背压	B25－8.83/0.98
抽汽背压式	蒸汽初压/抽汽压力/背压	CB25－8.83/1.47/0.49

例(1) N100－8.826/535型汽轮机表示为凝汽式、额定功率为100MW，新汽压力为8.826MPa（90kgf/cm^2）、温度为535℃的汽轮机。

例(2) CC12－3.43/0.98/0.1176型汽轮机表示为两次调节抽汽式、额定功率为12000kW、新汽压力为3.43MPa、高压抽汽压力为0.98MPa、低压抽汽压力为0.1176MPa的汽轮机。

必须指出的是，目前我国汽轮机的型号未完全统一，有的型号中蒸汽压力的单位仍沿用“kgf/cm^2”。因此，上面的例(1)有的表示为N100－90/35。例(2)有的表示为CC12－35/10/1.2。

17. 汽轮机有哪些主要优缺点？

汽轮机与其他类型的原动机相比，具有单机功率大、效率高、运行安全可靠、使用寿命长等优点。在火力发电厂和核电站中，绝大多数都是用汽轮机来拖动发电机。由于汽轮机也能变转速运行，所以也可以用它直接拖动各种泵、风机、压缩机和船舶螺旋桨等。汽轮机除了作为原动机外还可同时供热，这种热电(或热动)联供的汽轮机，具有较高的热经济性。

汽轮机由于用水蒸气作为工质，因此必须有产生高压、高水水蒸气的设备——锅炉。凝汽式汽轮机还必须有凝汽器和相应的冷却水系统。蒸汽动力装置与内燃机、燃气轮机相比，它的主要缺点是：装置庞大、复杂，需要大量的水，不适宜小功率或移动式。

18. 近几十年来，汽轮机发展的主要特点是什么？

近几十年汽轮机发展的主要特点是：(1)增大单机功率。增大单机功率不仅能迅速发展电力生产，而且可降低单位功率投资成本，可提高机组的热经济性，可加快电站建设速度。(2)提高蒸汽初参数。提高蒸汽初参数是提高热效率的重要途径，同时也可提高单机功率。(3)普遍采用一次中间再热。采用中间再热后可降低低压缸末级排汽湿度，为提高蒸汽初压创造了条件，从而可提高机组内效率、热效率和运行可靠性。(4)采用燃气——蒸汽联合循环发电装置。燃气轮机和蒸汽轮机联合工作的装置，大大提高了装置的热效率，还可解决燃煤发电存在的严重环境污染问题，节省大量冷却水，另投资相对降低，负荷适应性也较好。(5)提高机组的运行水平。现代大型机组增设和改善了保护、报警和状态监测系统，有的还配置了智能化故障诊断系统，提高了机组运行、维护和检修水平，增强了机组运行的可靠性，并保证了规定的设备使用寿命。

19. 工业汽轮机为什么在炼油化工行业得到广泛应用？

炼油化工行业中的泵和压缩机都需要原动机来驱动，泵和压缩机的操作运行的好坏与原动机有着密切的关系。原动机有电动机、蒸汽机、内燃机、汽轮机等。目前炼油、化工装置中常用的是电动机和汽轮机。汽轮机的投资比电动机高，结构和维修都比电动机复杂，但汽轮机有如下优点：

（1）汽轮机转速高，高速汽轮机的转速在10000r/min以上，可直接与离心泵或离心压缩机联结；电动机的最高转速只能达到3000r/min，与离心泵或离心压缩机联结时，还必须有增速设备。

（2）汽轮机的转速可在一定范围内变动，增加了调节手段和操作的灵活性，而电动机的转速是固定的，调速也需增加调整设备。

（3）汽轮机驱动适应输送或压缩易燃易爆介质，即使有泄露，也不会由原动机引起事故，而电动机驱动必须采取有效的防爆措施。

（4）汽轮机用的蒸汽，可由炼油化工厂自备热电厂或余热锅炉提供，动力来源比较稳定，而电动机要受电力网的影响。

正由于汽轮机可直接驱动较大型的高速炼油、化工生产机器，而且具有启动扭矩大，容易实现转速调节，无易燃易爆危险、能较好地利用工厂余热、操作可靠等特点，所以在炼油化工行业得到广泛应用。

第二章　汽轮机本体的结构

1. 汽轮机装置由哪几部分组成？

汽轮机装置由汽轮机本体、辅助设备及调节和供油系统三大部分组成。

2. 汽轮机本体包括哪几部分？

汽轮机本体包括静止部分（固定件）、转动部分（转子组体）及支承部分（轴承）三部分。

3. 汽轮机静止部分包括哪些主要部件？

汽轮机静止部分包括基础、台板（机座）、汽缸、喷嘴、隔板、隔板套、汽封等固定件。

4. 基础和台板的作用是什么？有何特点？

基础承受汽轮机、凝汽器、发电机等部分的重量，还承受由于转动部分质量不平衡所引起的离心力。基础是由钢筋混凝土构成的整体结构。

台板是用来支承机组并使其牢固地固定在基础上的部件。小型机组采用整块式台板，大、中型机组均采用若干分散部分组成的分散式台板。不论是整块式还是分散式台板，均采用铸铁浇铸的空心结构。台板与基础之间置有垫铁。汽缸找平后，拧紧地脚螺栓，然后在空心台板内灌入混凝土，使台板牢固地固定在基础上（如图 2－1 所示）。

5. 汽缸有什么作用？

汽缸是汽轮机的外壳，汽轮机本体的主要零部件几乎都包含在汽缸内。汽缸的作用是将汽轮机的通流部分与大气隔开，形成封闭的汽室，保证蒸汽在汽轮机内完成能量转换过程。汽缸内部装有喷嘴室、喷嘴、隔板、隔板套和汽封等零部件。汽缸外部装有调节汽阀及进汽、排汽和回热抽汽管道等。

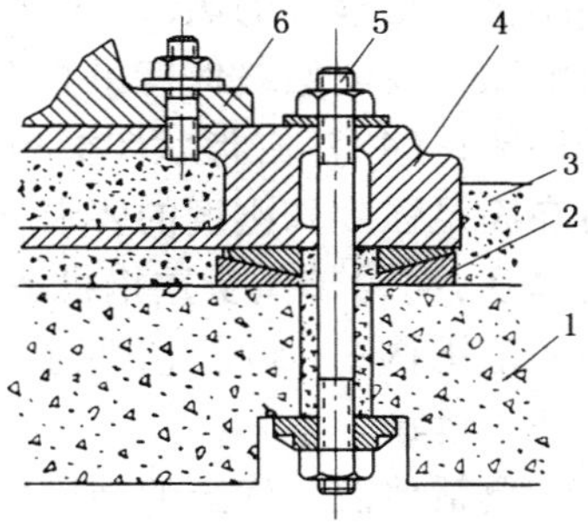

图 2－1　机座在基础上的固定方式
1—基础；2—垫铁；3—二次浇罐层；4—机座；5—地脚螺栓；6—轴承座

6. 汽缸的受力情况如何？

汽缸的受力情况比较复杂，而且随着汽轮机的运行工况改变而变化。汽缸在工作时承受的作用力主要有：

（1）汽缸内外的压力差，使汽缸壁承受一定的作用力；

（2）隔板和喷嘴作用在汽缸上的力，这是由隔板前后的压力差及汽流流过喷嘴时的反作用力所引起的；

（3）汽缸本身和安装在汽缸上的各零部件的重量；

（4）轴承座与汽缸铸成一体或轴承座螺栓连接汽缸的机组，汽缸还承受着转子的重量及转子转动时产生的不平衡力；

（5）进排汽管道作用在汽缸上的力；

（6）汽轮机在运行中，汽缸各部分存在着温度差引起的热应力。特别是在快速启动、停机和工况变化时，温度变化大，将在汽缸和法兰中产生很大的热应力的热变形。

7. 汽缸应满足哪几项技术要求？

由于汽缸形状复杂，内部又处在高温、高压蒸汽的作用下，汽缸的结构应满足以下几点：（1）要保证有足够的强度和刚度，足够好的蒸汽严密性；(2)保证各部分受热时能自由膨胀，并能始终保持中心不变；(3)通流部分有较好的流动性能；(4)汽缸形状要简单、对称，壁厚变化要均匀，同时在满足强度和刚度的要求下，尽量减薄汽缸壁和连接法兰的厚度；(5)节约贵重钢材消耗量，高温部分尽量集中在较小的范围内；(6)工艺性好，便于加工制造、安装、检修，也便于运输。

概括地说，汽缸的结构应力求简单、均匀、对称，以期能顺畅的膨胀和收缩，以减小热应力和应力集中，并且具有良好的密封性能。

8. 汽缸有哪些结构特点？

为了便于加工、安装和检修，汽缸一般做成水平中分形式，上半部分叫上汽缸，又叫大盖，下半部分叫下汽缸。上、下汽缸之间有法兰，用螺栓连接在一起。对法兰结合面的要求很高，它在高温、高压条件下工作，必须保证严密不漏汽。

蒸汽一般由上汽缸进入汽缸内腔，在上汽缸的高压端有进汽室，汽缸内壁有一道道圆槽用以装配隔板。下汽缸适当位置留有抽汽口，在最低位置常开有疏水孔，使水分及时疏出，防止在汽缸中积水而损伤叶片等零部件。下汽缸前后两端都有两个外伸的“猫爪”，整个汽缸依靠这两对猫爪搁置在底座上。

汽缸从高压向低压方向看，大体呈圆筒形或圆锥形。为了便于制造和合理使用材料，减少优质材料的消耗，还将汽缸分为高、中、低压缸。根据每个汽缸的工作条件不同，汽缸可设计制造成单层缸、双层缸和三层缸。按通流部分在汽缸内的布置方式可分为顺向布置、反向布置和对称分流布置。

9. 汽轮机为什么一般采用分缸结构?

为了便于制造和合理使用材料，减少优质材料的消耗，一般将汽缸分为高、中、低压缸。汽缸所用材料主要决定于蒸汽的温度，普通铸铁只能用于250℃以下；当蒸汽温度在250～300℃左右时，可用铸钢或经过热处理的优质铸铁；蒸汽温度在300～400℃时必须使用铸钢；温度超过400℃时应使用合金钢。

由于汽轮机的型式、容量、蒸汽参数、是否采用中间再热以及制造厂家的不同，汽缸的结构也有多种形式。对于中小功率的汽轮机，一般设计制造成单缸体；而功率较大些(100MW 以上)的机组，特别是再热机组，都设计成多缸结构。像国产 200MW 机组有高、中、低压三个缸，国产300MW 机组有高中压合缸和低压缸两个缸，国产 600MW 有高压、中压和两个低压缸共四个缸。

10. 为什么汽轮机有时采用多层缸结构?

汽轮机高压汽缸的工作特点是缸内所承受的压力和温度都很高，因此要求汽缸的缸壁应适当加厚，法兰的尺寸和螺栓的直径等也要相应地加大，当机组启动、停机和工况变化时，将导致汽缸、法兰和螺栓之间因温差过大而产生很大的热应力，甚至使汽缸变形、螺栓拉断。

通常蒸汽初参数不超过 8.83MPa、535℃的中、小功率汽轮机都采用单层缸结构。随着机组容量的增大和蒸汽初参数的不断提高，若仍采用单层缸结构，则会带来下列问题：

(1) 由于汽缸内压力很高，致使缸内外压差增大，则缸壁及法兰需做得较厚。为保证中分面的气密性，其联接螺栓必须有很大的预紧力，故其尺寸很大，因此需要设置加热

(或冷却)装置。

(2) 整个高压缸需用耐高温的贵重合金钢制造,提高了造价。

(3) 由于法兰比缸壁厚得多,在机组启动、停机和变工况时,温度分布不均匀将产生很大的热应力和热变形,这对设备安全和工作寿命极为不利。

为此,近代高参数大容量汽轮机的高压缸多采用双层缸结构。有的机组甚至将高、中压缸和低压缸全做成双层缸。例如,国产200MW机组高压缸的高温部分采用了双层缸结构。而国产300MW机组的4个汽缸(高压缸、中压缸和两个低压缸)都是内外双层缸。哈尔滨汽轮机厂生产的600MW机组的高中压缸为双层结构,低压缸为三层结构。功率为1000MW,初参数为24.4MPa、535℃/535℃的机组和功率为1300MW,初参数为23.3MPa、538℃/538℃的双轴机组,其高、中、低压缸均采用了双层缸结构。

图2-2为300MW汽轮机高压缸结构图,内缸为WZG15CrMo合金钢铸件,外缸为WZG15Cr1MoA合金钢铸件,内外缸均分上缸和下缸。双层缸结构的优点是把原单层缸承受的巨大蒸汽压力分摊给内外两缸,减少了每层缸的压差与温差,缸壁和法兰可以相应减薄,在机组启停及变工况时,其热应力也相应减小,因此有利于缩短启动时间和提高负荷变动的适应性。内缸主要承受高温及部分蒸汽压力作用,且其尺寸较小,故可做得较薄,这样所耗用的贵重耐热金属材料相对减少。而外缸因设计有蒸汽内部冷却,运行温度较低,故可用较便宜的合金钢制造。外缸的内外压差比单层汽缸时降低了许多,因此减少了汽缸结合面漏汽的可能性,汽缸结合面的严密性能够得到保障。在启动过程中,内

外缸夹层中的蒸汽可使内外缸尽可能迅速同步加热，有利于缩短启动时间。

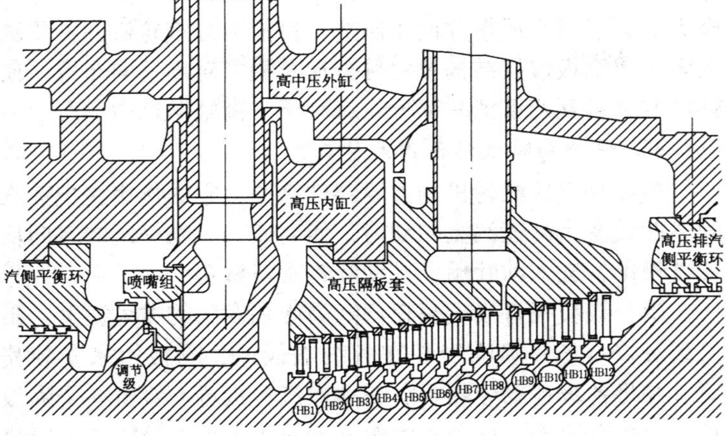

图 2－2　300MW 汽轮机的高压缸结构图

11. 多层缸夹层中为什么通入蒸汽?

汽轮机采用多层缸时，通常在内外缸夹层里引入一股中等压力的蒸汽。当机组正常运行时，由于内缸温度很高，其热量源源不断地辐射到外缸，有使外缸超温的趋势，这时夹层汽流对外缸起冷却作用。当机组冷态启动时，为使内外缸尽可能迅速同步加热，以减小动、静胀差和热应力，缩短启动时间，此时夹层汽流即对汽缸起加热作用。

12. 为什么低压缸一般采用对称分流布置?

低压缸内工作压力不高，温度较低，但由于蒸汽比体积大，蒸汽的体积流量很大，要求低压各级具有很大的通流面积，因而叶片高度势必很大，而平均直径或叶片高度则受材料的强度限制。为避免叶高过大，低压缸大多采用蒸汽分流布置。

低压缸的尺寸很大，尤其是排汽部分，因此低压缸体积庞大。为了减小质量并便于制造，目前多缸汽轮机的低压缸大多采用钢板焊接结构及对称分流布置。对称反向布置，使轴向推力可互相抵消一部分，有利于平衡轴向推力。

13. 喷嘴和隔板的作用是什么？

喷嘴是组成汽轮机的主要部件之一。它的作用是把蒸汽的热能转变为高速汽流的动能，使高速汽流以一定的方向从喷嘴喷出，进入动叶栅，推动叶轮旋转做功。

第一级喷嘴直接安装在汽缸高压端专门的喷嘴室上。第二级及以后各级喷嘴安装在各级隔板上，隔板用来安装喷嘴，并将各级叶轮分隔开。冲动式汽轮机每一级由一个隔板和一个叶轮组成。反动式汽轮机不采用隔板式结构，各级喷嘴片(也叫静叶栅)直接安装在汽缸上。

14. 汽轮机第一级的喷嘴有什么特点？

第一级喷嘴直接装在汽缸高压端专门的喷嘴室上，分成不同数目的弧段。由于第一级喷嘴工作蒸汽的压力高，其容积流量较小，为使第一级喷嘴叶片具有一定的高度，以减少流动损失，常将第一级喷嘴做成部分进汽，即仅在部分圆弧上布置有喷嘴。各喷嘴弧段直接受各调节汽阀的控制，用它来调节汽轮机进汽量的多少，以适应负荷的需要。因此，第一级喷嘴又称调节级喷嘴。

15. 隔板的结构特点是什么？

隔板都是由隔板本体的平板、喷嘴、边缘和安装在轴孔处的汽封等组成。隔板一般都是对分的，由上、下两半组成，在水平结合面处连接。上部的隔板装在汽缸盖的凹槽内，下部隔板装在下汽缸的凹槽内。为了防止隔板转动，在上隔板的结合面左右两侧均装有锁垫，以固定隔板。在两半隔板的结合面处，配有密封键，在装配时起定位和密封作用，以保证上、下两半隔板对准并减少结合面的漏汽。

隔板一般是全周进汽，即喷嘴沿整个圆周布置。对于中、小型机组的前几级，由于蒸汽的容积流量比较小，为适当提高喷嘴的高度，常采用部分进汽，即隔板整个圆周上只有部分弧段布置有喷嘴，其余部分是实心的。

16. 隔板有哪几种形式？各有何特点？

隔板按其制造方法可分为铸造式和焊接式两种。

铸造式隔板(如图 2－3)制造简单，成本低。铸造隔板是用钢板冲压好喷嘴片后放入砂型中铸造而成的。这种隔板强度较小，喷嘴形状容易出现尺寸上的偏差。一般用于汽轮机的低压部分。

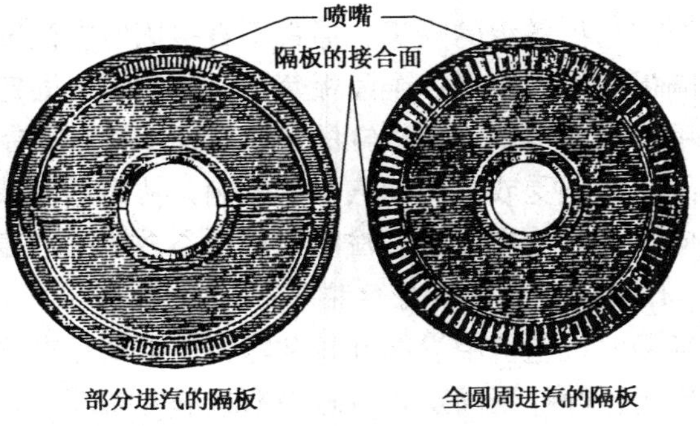

图 2－3　铸造式隔板

焊接式隔板(如图 2－4)应用于汽轮机的高压部分。把预先铣制好的喷嘴片焊接在内、外环上，然后再与隔板本体、轮缘找平后焊接在一起。这种隔板的特点是可以得到形状精确和表面光洁的汽流通道，使流动的能量损失较小。

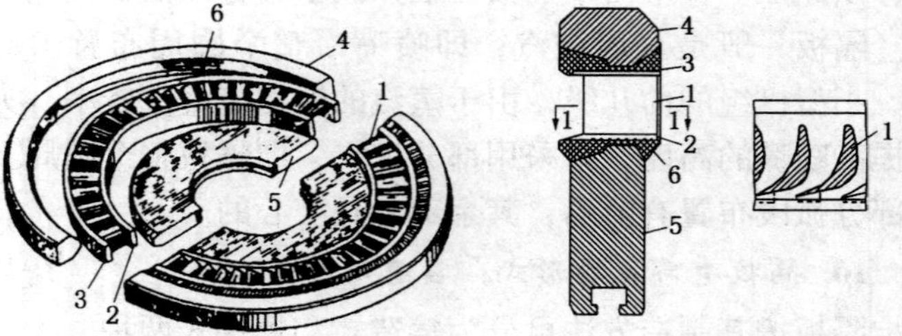

(a) 焊接隔板组合情况　　(b) 焊接隔板断面图

图 2－4　焊接式隔板

1—喷嘴片；2，3—固定喷嘴片的内、外环；

4—隔板桦缘；5—隔板本体；6—焊接的地方

17. 隔板套有什么作用？

高压汽轮机各级的隔板，通常不直接固定在汽缸上，而是几个隔板一组固定在一个隔板套上，隔板套再固定在汽缸上。采用隔板套可以简化汽缸的形状，便于汽缸的制造；可以使级间距离不受或少受抽汽口的影响，从而可以减少汽轮机的轴向尺寸；采用隔板套检修时可以不翻转汽缸盖。

18. 什么是静叶环和静叶持环？

在反动式汽轮机中没有叶轮和隔板，动叶片直接装在转子的外缘上，静叶则固定在汽缸内壁或静叶持环上。静叶持环的分级一般是考虑便于抽汽口的布置而定的。静叶环和静叶持环一般为水平中分式。

19. 汽轮机的滑销系统有何作用？

汽轮机在启动、停机和变化时，汽缸各部分的温度会发生很大的变化。汽缸随着温度的变化，要发生相应的胀缩，如果这个胀缩不能合理、自由地进行，将会产生以下问题：

（1）汽缸变形，中心偏差加大振动加剧；

（2）汽轮机内部间隙变化，使汽轮机的动、静部分碰擦，发生机械故障；或内部间隙度大，漏汽增加，经济性降低。

因此，汽缸在台板上固定时应当考虑汽缸在台板上沿着各个方向有热膨胀的余地。也就是保证汽缸机工作时，汽缸与转子的中心线始终保持一致，并且使转子与静止部分之间的间隙保持在许可的范围内，这一任务由滑销系统来完成。图 2 -5 是单缸汽轮机的滑销系统示意图。

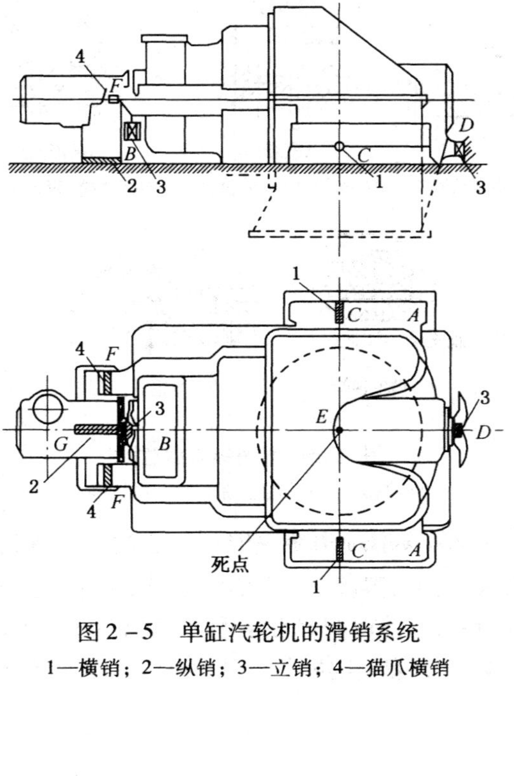

图 2 -5　单缸汽轮机的滑销系统

1—横销；2—纵销；3—立销；4—猫爪横销

20. 滑销有哪几种？各有什么作用？

根据滑销的构造形式、安装位置和不同的作用，滑销系统通常由立销、纵销、横销、猫爪横销、斜销、角销等组成。图2－6为滑销构造示意图。热膨胀时，立销引导汽缸沿垂直方向滑动，纵销引导轴承座和汽缸沿轴向滑动，横销则引导汽缸沿横向滑动并与纵销（或立销）配合，确定膨胀的固定点，称死点。对凝汽式汽轮机来说，死点多布置在低压排汽口的中心或附近，这样在汽轮机受热膨胀时，对庞大笨重的凝汽器影响较小。

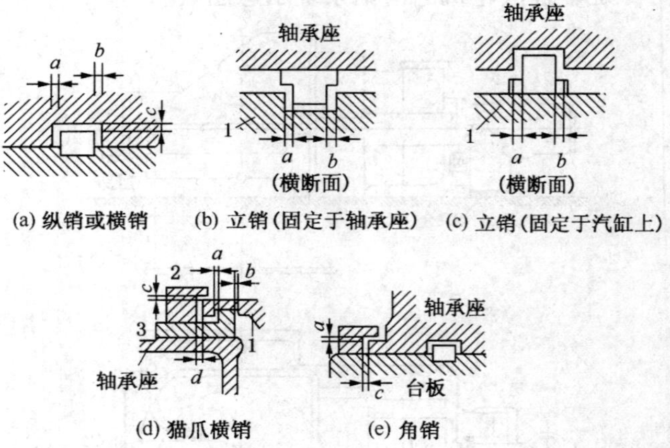

图2－6　滑销构造示意图

1—汽缸；2—猫爪压销；3—猫爪横销

21. 汽轮机轴承的作用是什么？它有哪几种类型？

汽轮机工作时其转子受蒸汽的作用以高速（3000r/min或更高）旋转着，这时将产生各种不同方向的作用力。因此汽轮机必须有可靠的支承装置——轴承。由于汽轮机的转子重达几吨到几十吨，轴向推力也达几吨到几十吨。所以汽轮机轴承的载荷大，且转速高，一般都采用油膜润滑的滑动轴承。在工作时轴颈和轴承间形成一定厚度的油膜，油膜具有一定的压力，由于油压的作用使轴颈与轴承完全隔开，形成液体摩擦。

汽轮机采用的轴承有径向支持轴承和推力轴承两种。径向支持轴承的作用是支承转子的质量及由于转子质量不平衡引起的离心力，并确定转子的径向位置，使其中心与汽缸中心保持一致。推力轴承的作用是承受蒸汽作用在转子上的轴向推力，确定转子的轴向位置，使转子与静止部分间的轴向间隙保持一定数值。一般单轴汽轮机的一端采用径向支持轴承，也称主轴承；另一端采用径向——推力联合轴承。

22. 轴承润滑的基本原理是什么？

轴承在工作时，轴颈与轴瓦间形成油膜，建立液体摩擦，使汽轮机安全稳定地运行。润滑油在下轴瓦水平结合面处进入，随着转动而卷进来的油首先经过轴和上轴瓦间的间隙，然后再经过轴和下轴瓦间的间隙，形成油膜。为了减少摩擦损失和使油能循环起来冷却轴颈，在轴瓦的乌金面上刻有油槽，并在结合面附近向两端扩展出去，以保证油在轴瓦全长上均匀分布。油在轴瓦中润滑后，从轴瓦两端的空隙中流出。聚集在轴承座中，然后经油管流回油箱。

23. 汽轮机主轴承的结构特点是什么？

支持轴承(又称主轴承)的形式很多，按轴承的支承方式可分为固定式和自位式两种；按轴瓦形式可分为圆筒形轴承、椭圆形轴承、多油楔轴承及可倾瓦轴承等。其结构主要由轴承座、轴承盖、上下两半轴瓦等组成。图2－7是带瓦枕的自位式径向轴承。轴瓦是直接支持轴颈的，其内表面浇有一薄层耐磨合金，也称乌金。上下两半瓦用调整垫铁支持，每块垫铁上都有垫片，用以调整轴瓦的径向位置，从而保证机组中心的正确。

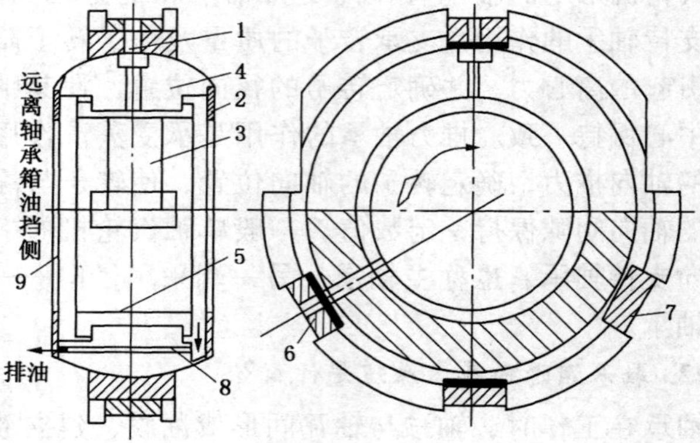

图2－7　带瓦枕的自位式径向轴承

1—温度计插孔；2—乌金密封环；3—上瓦油槽；4—轴承体；5—衬瓦；6—进油孔；7—垫铁；8—排油孔；9—瓦体油挡

24. 汽轮机工作时转子上的轴向力是如何产生的？

由于喷嘴出来的汽流方向与动叶的运动方向（即圆周速度的方向）成一角度，工作时蒸汽对叶片产生的作用力可分解成圆周力和轴向力两个分力。蒸汽作用在转子上的轴向力除了汽流对各级动叶的轴向分力外，还有各级叶轮和动叶栅两侧蒸汽的压力差产生的轴向推力。

25. 推力轴承的作用及结构特点是什么？

汽轮机在运行中转子上有很大的轴向推力，尤其是大功率机组，尽管采用了汽缸对称排列及其他平衡轴向推力的措施，但剩余的轴向推力仍然很大，所以汽轮机组必须装设推力轴承，以承受转子上的轴向推力，确定其轴向位置，使动、静部分间保持适当的轴向间隙。目前汽轮机普遍采用密切尔式推力轴承，这种轴承，在沿推力盘圆周上，装设有若干块推力瓦块，工作时，瓦块表面与推力盘之间构成一角度，形成油楔，建立液体摩擦。瓦块的表面也浇有一薄层耐磨合金。图 2－8 是密切尔式推力轴承瓦块。推力瓦块有固定式[图 2－8(a)]和摆动式[图 2－8(b)]两种，前者只适用于小型机组，后者广泛应用于大、中型机组。

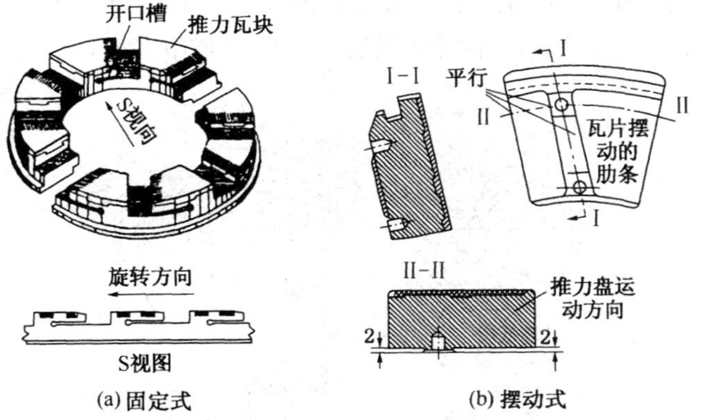

图 2－8　密切尔式推力轴承瓦块

推力轴承的瓦块一般为 8～10 块，做成扇形，其表面乌金的厚度(一般为 1.5mm)应小于汽轮机动、静部分的最小间隙，否则在发生事故时，会造成动、静部分摩擦，严重损坏设备。瓦块背面有一条突起的肋条，瓦块可以绕它略微转动，以便在工作时能形成油膜。

26. 汽封的作用是什么？

汽轮机通汽部分的动静部分之间，为了防止碰擦，必须留有一定的间隙。而间隙的存在必将导致漏汽，使汽轮机的经济性下降。为了解决这一矛盾，在汽轮机动、静部件的有关部位设有密封装置，通常称为汽封。可分为轴端汽封（又称轴封）、隔板汽封和围带汽封三种。

27. 汽封有哪几种类型？它的结构特点是什么？

汽封装置有曲径式、碳精式和水封式三种。目前汽轮机所采用的一般都是曲径式汽封，又称迷宫式汽封。较广泛用的是梳齿形曲径汽封，如图 2－9 所示。图 2－9 中(a)为高低齿；(b)为平齿。平齿结构较为简单，但密封效果不及高低齿，所以高压段常用高低齿，低压段则用平齿。

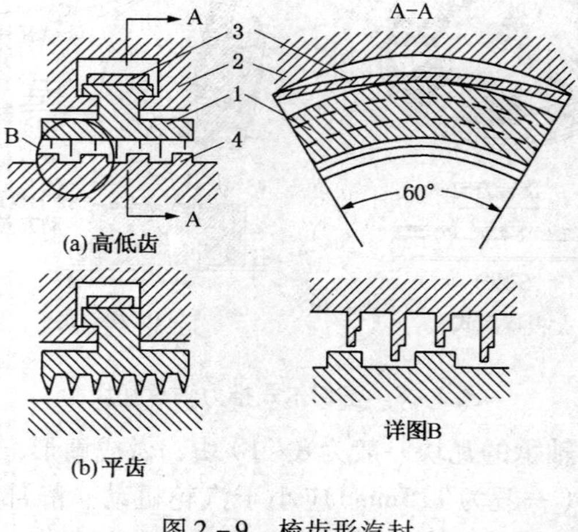

图 2－9　梳齿形汽封

1—弹簧片；2—汽封环；3—转子；4—汽封套

除梳齿形汽封外还有齿片式和伞柄式汽封。图2－10为齿片式汽封，汽封齿片直接镶嵌在静体上，结构简单，常用于小型低压机组。

图2－11为伞柄式汽封，在汽封套上加工有几道凹槽，用镍铬合金片（其厚度一般为0.2～0.3mm）镶嵌在汽封环上。这种汽封的特点是：当薄而软的合金片与转动部分发生碰擦时，由于合金片质软只能压弯，不易严重磨损，既使发生摩擦时，也不会使轴产生局部过热而引起永久变形，但这种汽封的密封效果较差。

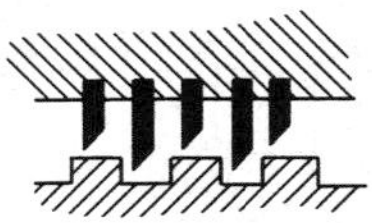

图2－10　齿片式汽封

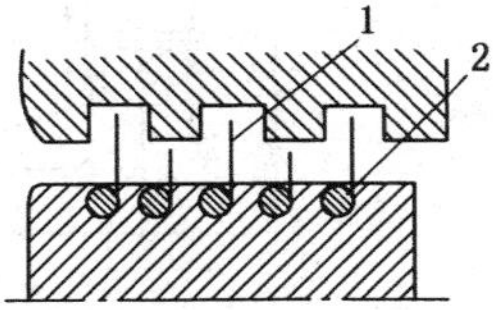

图2－11　伞柄式汽封

1—合金片；2—紧丝

28. 什么是轴封？

由于汽轮机主轴必须从汽缸内穿出，因此主轴与汽缸之间必须留有一定的径向间隙，且汽缸内蒸汽压力与外界大气压力不等，就必然会使汽轮机内的高压蒸汽通过间隙向外漏出，或者使外界空气漏入。为了提高汽轮机的效率，应尽量防止或减少这种漏汽（气）现象。为此，在转子穿过汽缸两端处都装有汽封，这种汽封称轴端汽封，简称轴封。正压轴封是用来防止蒸汽漏出汽缸，而负压轴封是用来防止空气漏入汽缸。大型汽轮机的轴封比较长，通常分成若干段，相邻两段之间有一环形腔室，可以布置引出或导入蒸汽的管道。

29. 什么是轴封系统？轴封系统的作用是什么？

汽轮机高压端的轴封可以减少汽缸内的高压蒸汽外漏，

但总是会有少量蒸汽外漏，不仅造成能量损失，而且也影响安全。凝汽式汽轮机低压端轴封的作用是阻止外界空气漏入汽缸，从而破坏凝汽器的真空，使汽轮机的排汽压力提高，降低机组的经济性。为了回收高压端漏出的蒸汽和阻止外界空气由低压端漏入，汽轮机均设置有汽封系统。图 2－12 为汽轮机轴端汽封系统简图。其工作原理如下。

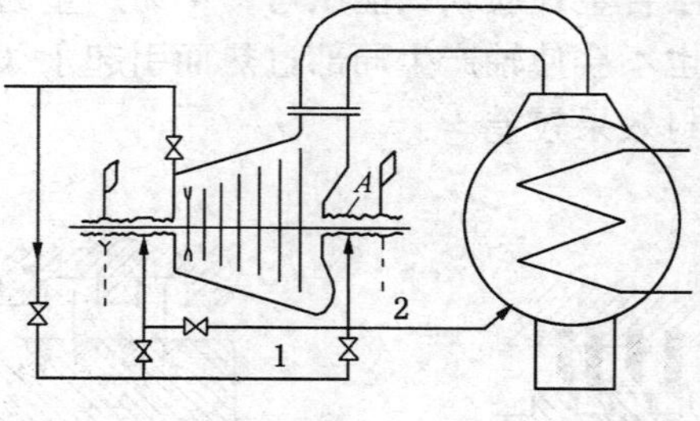

图 2－12　汽轮机轴端汽封系统

1—轴封送汽管；2—至凝汽器的轴封漏汽管

（1）高压端虽然装有轴封，但仍不能避免蒸汽通过轴封间隙外漏，为了减少这部分损失，把高压端轴封分成若干段，每段之间留有一定的空室，将这些空室中的漏汽按其压力的高低分别引至不同的地方加以利用，以提高机组的经济性。小型汽轮机一般将高压端的漏汽经管道 1 引至低压端轴封用汽，其余的小量漏汽再经过几道轴封片后，由信号管排至大气。运行中可通过观察信号管的冒汽情况来监视轴封工作的好坏。

（2）低压端虽装有轴封，但也不能避免外界空气漏入，所以必须引用压力稍高于大气压力的蒸汽来密封，防止空气漏入。这部分密封用的蒸汽是从高压端轴封经管道 1 引来的，一部分蒸汽经部分轴封片后流入低压汽缸中；另一部分则沿轴封间隙外流，最后经信号管排至大气。

（3）汽轮机正常工作时，高压端轴封漏汽除引入低压端轴封外，多余的部分可以经管道送至轴封加热器，用来加热凝结水，以回收轴封漏汽的部分热量，也可以直接引入凝汽器。汽轮机启动和停机过程中，高压端轴封没有蒸汽，则应引用经减温减压的新蒸汽同时送入高、低压端轴封中去。

30. 轴封系统怎样工作？

不同型式的汽轮机组其轴封系统也不尽相同，它主要由汽轮机的进汽参数、回热系统的连接方式和轴封结构等因素决定。大中型汽轮机都采用具有自动调节装置（调整轴封蒸汽压力）的闭式轴封系统。图 2－13 为国产 300MW

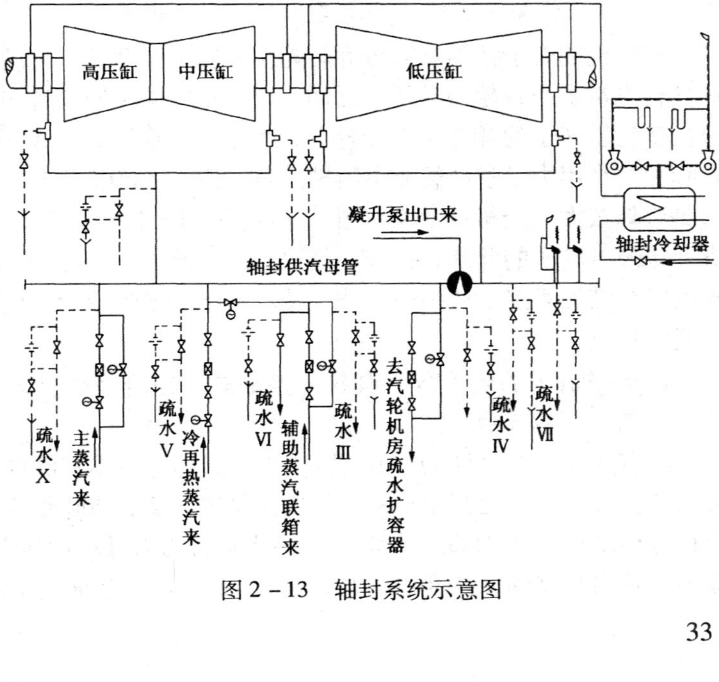

图 2－13　轴封系统示意图

凝汽式汽轮机轴封系统示意图，它由轴端汽封、轴封供汽母管压力调整机构、轴封冷却器、减温器以及有关管道组成。

轴封系统所需的蒸汽与汽轮机的负荷有关。在机组启动、空载和低负荷时，缸内为真空状态，为防止空气漏入，需向各轴封供应低温低压蒸汽，以及在高负荷时防止高、中压缸轴端漏汽，设有定压轴封供汽母管，母管内蒸汽来自冷再热蒸汽或主蒸汽或辅助蒸汽。机组冷态启动时，用辅助蒸汽向轴封供汽。机组正常运行时，主蒸汽、冷再热蒸汽、辅助蒸汽作为轴封备用汽源，这时低压缸两端轴封用汽靠高、中压缸两端轴封漏汽供给，即采用了自密封系统。

31. 汽轮机转子有哪几种类型？各有什么特点？

汽轮机的转子按形状可分为转轮型和转鼓型两种。冲动式汽轮机常采用转轮型转子；反动式汽轮机则采用转鼓型转子。转轮型转子的叶片装在叶轮上，叶轮套装在轴上，蒸汽对叶片的作用力通过叶轮传递给轴。每一级一个叶轮，允许的热焓降较大，全机的级数较少，因此适用于冲动式汽轮机。转鼓型转子的叶片直接装在圆锥形的转鼓上，这种转子刚度好、结构紧凑。适用于级数较多、每级热焓降不大的反动式汽轮机。

转子按制造工艺可分为套装、整锻式、组合及焊接转子，如图 2－14 所示。

套装式[图 2－14(a)]转子的叶轮全部都是用热套的方法装在主轴上，广泛应用于中、低压汽轮机。套装前叶轮的内孔应比轴径小 0.05%，套装时，将叶轮内孔周缘均加热，直至叶轮内孔比轴径大 0.10～0.20mm，或控制加热温度为

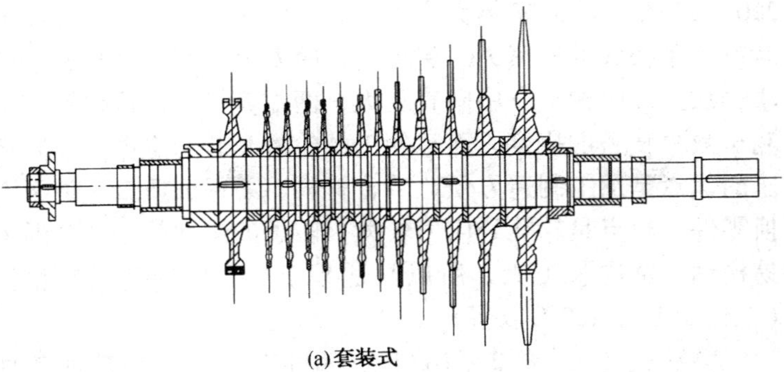

(a)套装式

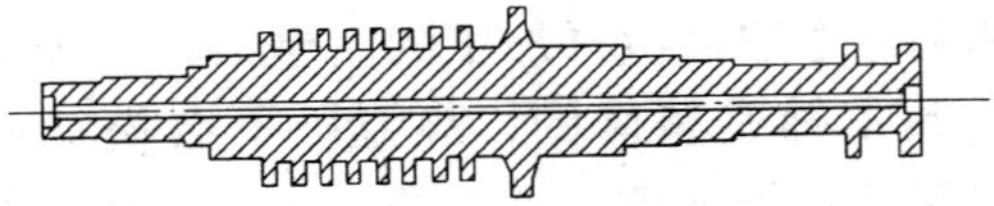

(b)整锻式

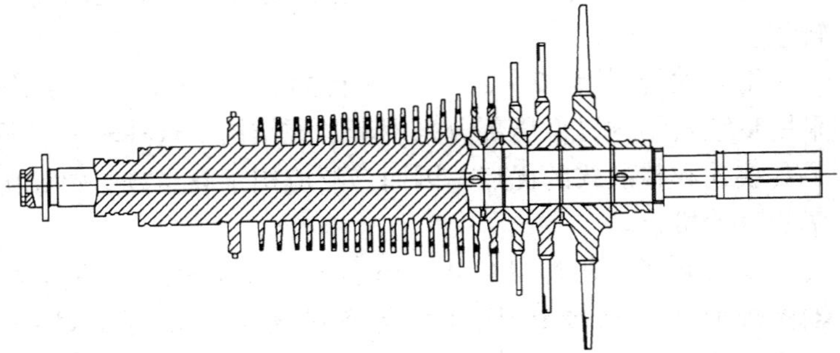

(c)组合式

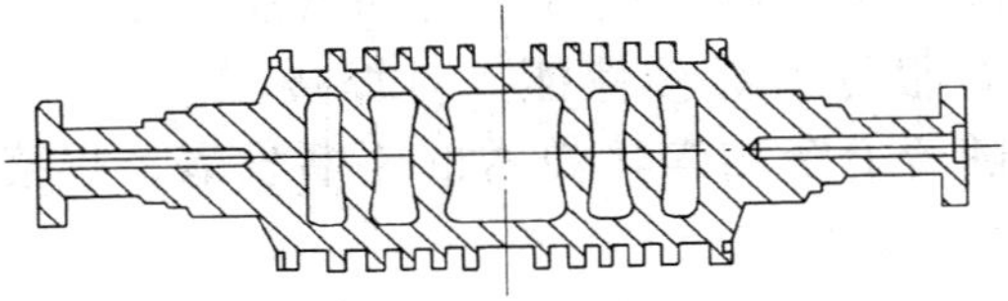

(d)焊接式

图 2－14　常见的几种汽轮机转子类型

250～270℃，将叶轮热套在轴上。待叶轮冷却后，内孔对轴就产生了很大的压紧力，保证工作时安全可靠。这种转子的主轴加工成阶梯形，中间直径大，两端直径小，这样不仅有利于减少转子的挠度，而且便于叶轮的套装与定位。套装转子的优点是加工制造方便、节省材料、易保证质量，便于更换零件。缺点是轮孔处应力较大、转子的刚性较差、高温下易松动、轴向长度大。所以只适用于中、低冲动式汽轮机（工作温度在400℃以下）。

整锻式转子［图2－14(b)］的叶轮、主轴和其他零件是用整体毛坯锻造以后再加工的。整锻式转子的主要优点是：叶轮和主轴是整体的，高温下不会松动；装配零件少、结构紧凑；强度高、刚性好。缺点是锻件尺寸大、加工制造困难、材料消耗大，主要用于大功率汽轮机的高压转子。

组合式转子［图2－14(c)］是在同一转子上，高压部分采用整锻式结构，低压部分采用套装式结构。这种转子兼顾了套装式和整锻式的优点，因而广泛应用于高参数、中等功率的汽轮机上。

焊接转子［图2－14(d)］由若干个实心轮盘和两个端轴拼焊而成。这种转子的优点是强度高、相对重量轻、结构紧凑、刚度大，而且能适应低压部分需要大直径的要求，因而常用作大型汽轮机的低压转子。焊接转子要求材料有很好的焊接性能，对焊接工艺的要求也很高。但是，随着冶金和焊接技术的不断发展，焊接转子的应用必将日益广泛。

32. 叶轮由哪几部分组成？

叶轮的结构如图2－15所示。

叶轮由三部分组成。

(1) 轮缘部分　是安装叶片的部分，具有与叶根相配合的形状，大多数轮缘具有比轮体大的截面。

(2) 轮毂部分　将叶轮套在主轴上的配合部分，其结构取决于叶轮在主轴上的装配方式，只有套装转子才有。

(3) 轮体部分　轮缘与轮毂的连接部分，其断面根据不同的受力情况而确定。轮体断面型线主要有：等厚度叶轮、锥形叶轮、双曲线叶轮及等强度叶轮。

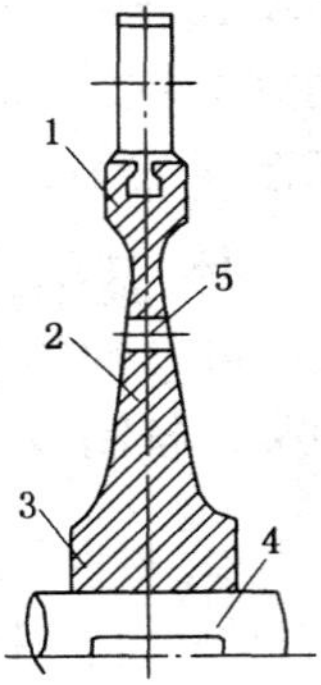

图2-15　叶轮结构示意图
1—轮缘；2—轮体；3—轮毂；4—主轴；5—平衡孔

33. 汽轮机动叶片的作用是什么？

动叶片也称动叶栅，就是在汽轮机工作过程中随汽轮机转子一起转动的叶片，也称工作叶片。动叶片安装在叶轮或转鼓上，由多个叶片组成动叶栅，其作用是将蒸汽的热能转换为动能，再将动能转换为汽轮机转子旋转机械能，使转子旋转。叶片是汽轮机重要的零件之一，是汽轮机中数量和种类最多的零件，其工作条件很复杂，除因高速转动和汽流作用而承受较高的静应力和动应力外，还因其分别处在高温过热蒸汽区、两相过渡区和湿蒸汽区内工作而承受高温、腐蚀和冲蚀作用。因此叶片结构的型线、材料、加工、装配质量等直接影响着汽轮机中能量转换的效率和汽轮机工作的安全性。实践表明，汽轮机发生的事故以叶片事故为最多，高达40%，故必须给予高度重视。

为使汽轮机安全经济地运行，在设计、制造叶片时，对动叶的要求有：具有良好的空气动力特性，提高流动效率；要有足够的强度；对于湿汽区工作的叶片，要有良好的抗冲蚀能力；要有完善的振动特性；结构合理，工艺良好。

34. 叶片有哪几种类型？

叶片的类型很多，按工作原理可分为冲动式和反动式两大类；按制造工艺可分为铣制、轧制、模锻及精密铸造等类型；按叶片的截面形状可分为等截面和变截面（扭曲）叶片。

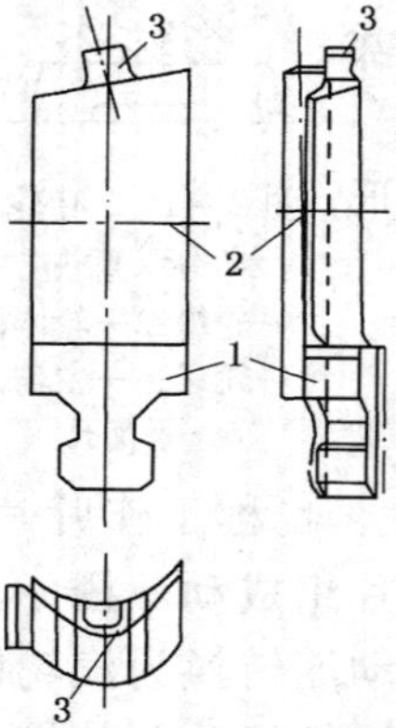

图 2－16　汽轮机叶片的构造

1—叶根；2—叶型；3—叶顶

35. 叶片由哪几部分组成？

叶片由叶型（工作部分）、叶根和叶顶三部分组成，如图 2－16 所示。叶型是叶片的工作部分，相邻叶片的叶型组成蒸汽流道。叶片通过叶根固定在叶轮上，其连接应牢固可靠，应保证叶片在任何条件下不会松动。叶顶部分通常装有围带，它将若干个叶片连成叶片组，围带的主要作用是增加叶片的刚性、减少从叶顶处的漏汽损失、改变叶片的自振频率从而避开共振。

36. 叶根有哪几种类型？

常见的叶根有以下几种类型。

（1）T 形叶根［图 2－17（a）］，这种叶根结构简单，加工和装配方便，适用于载荷不大的短叶片。［图 2－17（b）］是外包凸肩 T 形叶根，在叶根和轮缘上设计了两个凸肩，其作用是阻止轮缘向外张开，以减少轮缘的弯曲应力，从而提高了承载能力。［图 2－17（d）］是外包凸肩双 T 形叶根，这种叶根的承载能力进一步提高。

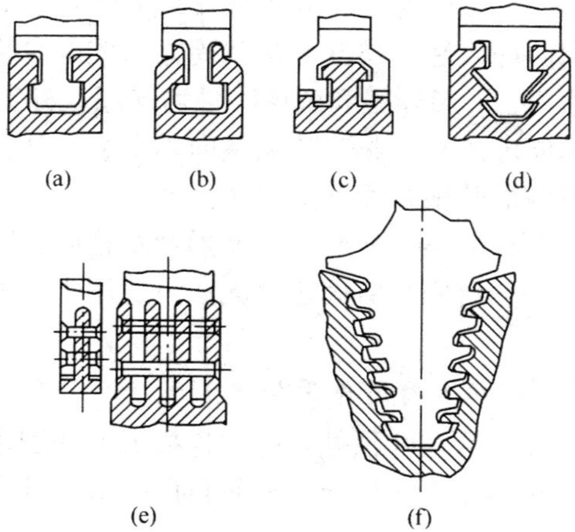

图 2-17　叶根结构

(a)—T 形叶根；(b)—外包凸肩 T 形叶根；(c)—菌形叶根；
(d)—外包凸肩双 T 形叶根；(e)—叉形叶根；(f)—枞树形叶根

（2）菌形叶根[图 2-17(c)]，它采用叶根包围轮缘的形式，在相同尺寸下，这种叶根的连接强度较高。但菌形叶根加工比较复杂，消耗材料较多，国产机组较少采用。

（3）叉形叶根[图 2-17(e)]，叶根制成叉形，插在轮缘上相应的槽内，并用铆钉固定。这种叶根连接强度高，加工制造简单；径向单个跨装，检修时更换叶片方便。但装配时钻孔和铆接工作量大。常用于大型汽轮机的末几级叶片。

（4）枞树形叶根[图 2-17(f)]，这种叶根接近等强度结构，强度适应性好，拆装方便。但加工复杂，精度要求高。主要用于截荷较大的叶片。如国产 300MW 汽轮机的调节级和末级叶片就采用这种枞树形叶根。

37. 叶片的安装方法有哪几种?

根据不同类型的叶根，叶片的安装方法有以下几种。

(1) 周向埋入法　将叶片从圆周方向依次嵌装在叶轮轮缘相应的槽内，T 形叶根和菌形叶根均采用这种安装方法。

(2) 轴向埋入法　将叶片从轴向单个装入叶轮轮缘相应的槽内，枞树形叶根常用此法安装。

(3) 径向跨装法　将叶片的叉形叶根径向插入叶轮轮缘的相应槽内，然后用铆钉固定，此法只适用于叉形叶根叶片的安装。

38. 围带或拉金有何作用?

叶顶部分包括在叶顶处将叶片连接成组的围带和在叶型部分将叶片连接成组的拉金。汽轮机同一级的叶片常用围带或拉金成组连接，有的是将全部叶片连接在一起，有的是几个或十几个成组连接。围带或拉金的主要作用是：(1)可增加叶片的刚性；(2)围带还构成封闭的汽流通道，防止蒸汽从叶顶逸出，减少叶片顶部的漏汽损失。有的围带还做出径向汽封和轴向汽封，以减少级间漏汽；(3)改变叶片的自振频率从而避开共振。

汽轮机的较长叶片常用拉金将叶片连接成组。拉金为 6 ~ 12mm 的实心或空心金属线，穿在叶型部分的拉金孔中。拉金与叶片间可以采用焊接结构，也可以采用松装结构；连接方式有整圈连接、成组连接、网状连接和 Z 形连接等。通常每级叶片上穿有 1 ~ 2 圈，最多 3 圈拉金。

焊接拉金的作用是减小叶片的弯应力，改变叶片的刚性，提高其振动安全性。松拉金的作用是增加叶片的离心力，以提高叶片的自振频率；增加叶片的阻尼，以减小叶片的振幅；同时对叶片的扭振也起到了一定的抑制作用。但由于拉金处在汽流通道的中间，从而引起了附加的能量损失；同时拉金孔削弱了叶片的强度，所以在满足了强度和振动要求的情况下，有的长叶片也可以设计成自由叶片。当叶片不用围带连接或为自由叶片时，叶顶通常削薄，这样可以减小叶片质量，同时起到汽封的作用，并防止运行中叶顶与汽缸相碰损坏叶片。

39. 围带有哪些结构形式?

围带的结构形式很多，图 2－18(a)示出的是整体围带。这种围带是与其叶片在同一块毛坯上铣出的，叶片装好后围带也就相互靠紧而形成一圈围带。图 2－18(b)示出的是铆接或焊接围带，采用这种结构的叶片，在其顶部要加工出铆钉头。用作围带的钢带要按铆钉头的节距冲好铆钉孔，待备好的钢带放上以后，用铆接或焊接，或者铆接加焊接的方法把钢带固定在叶片上。一般是 4～16 只叶片用一段钢带联成一组。还有一种用在大型机组末级叶片上的弹性拱形围带，如图 2－18(c)所示，这种围带可以有效地加强叶片的刚性，控制叶片的 A 型振动和扭转振动，此时叶顶需做出与弹性

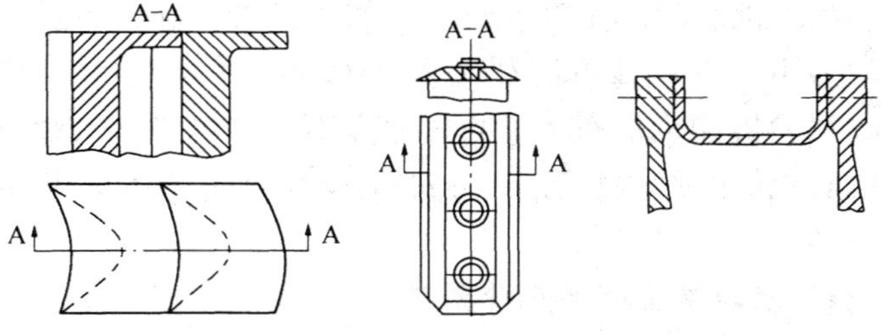

(a) 整体围带　　(b) 铆接围带　　(c) 拱形围带

图 2－18　围带

拱形片相配合的铆接部分。

40. 汽轮机平衡孔有什么作用？为什么平衡孔是单数的？

为了减少轴向推力，在叶轮上开设平衡孔，以减少叶轮前后的压差。此外，隔板漏汽可以经平衡孔流到叶轮后，减少这部分未膨胀加速的气流对主气流的大小和方向的扰乱。平衡孔为单数，5 个或 7 个。如果采用双数，叶轮直径方向就有对成的两个平衡孔，该处的应力就会增加，刚度降低引起振动，所以平衡一般为单数。

41. 联轴器的作用是什么？

联轴器又叫靠背轮或对轮，用来连接各个转子以及发电机的转子，并将汽轮机的扭矩传给发电机。在多缸汽轮机中，如果几个转子合用一个推力轴承，则联轴器还将传递轴向推力。联轴器一般有三种形式：刚性联轴器、半挠性联轴器和挠性联轴器。

42. 汽轮机盘车装置的作用是什么？

在汽轮机启动时冲动转子以前或停机以后，使汽轮机转子转动的装置，称为盘车装置。

汽轮机启动前先投入盘车装置，是为了减少汽轮机的启动力矩，以及在汽轮机启动前检查各转动部分是否正常。汽轮机停机后投入盘车装置，使转子继续缓慢转动，可以防止转子产生热弯曲，也为了保证机组停机后可以随时启动。

43. 盘车装置有哪几种类型？

汽轮机的盘车装置在机组启动前即投入运行，机组的冲转是在盘车状态下进行的。为此，对盘车装置的要求是：它既能盘动转子，又能在汽轮机转子冲转，当转速高于盘车转速时自动脱开，并使盘车装置停止转动。

盘车装置的分类有以下几种型式：按其动力来源分，可分为电动盘车和液动盘车；按其结构特点分，可分为具有螺旋轴的电动盘车（见图2－19）、具有摆动齿轮的电动盘车以及具有链轮—蜗轮蜗杆的电动盘车；按盘车转速的高低分，可分为低速盘车（转速为2～4r/min）和高速盘车（转速为40～70r/min）。在实践中，高速盘车多用在大型机组上，而低速盘车不仅用在中小型机组上，也用在大型机组上。

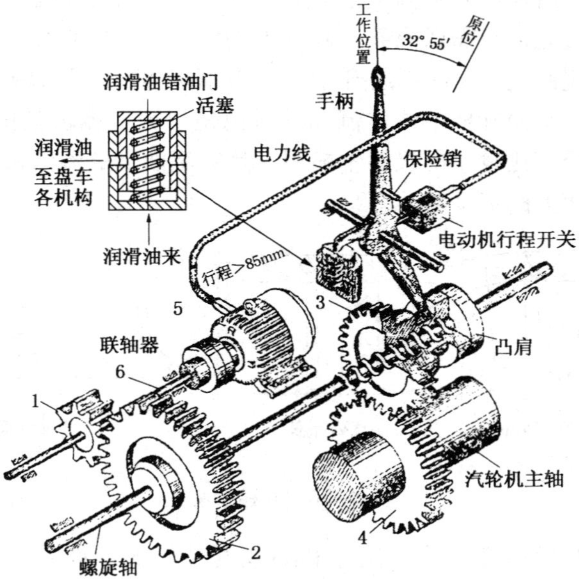

图2－19　盘车装置示意图

1—小齿轮；2—大齿轮；3—游动齿轮；

4—盘车大齿轮；5—电动机；6—小轴

44. 叶栅有哪些形式?

无论是静叶片还是动叶片，都是按照一定的规律等距离地分别安装在汽轮机隔板和叶轮上。由相同叶片构成的汽流通道的组合体称为叶栅。静叶片组成的叶栅称为静叶栅，动片组成的叶栅称为动叶栅。根据叶栅中叶片排列的形式，叶栅又可分为环形叶栅和直列叶栅，如图 2-20 所示。汽轮机中采用的叶栅都是环形叶栅，只是当级的径高比(d_m/l)较大，且除叶片上下两端面外，汽流参数沿叶片高度变化不大时，才将这种叶栅当作直列叶栅研究。在直列叶栅中，除端部外，沿任何叶片高度上的流面内，汽流的运动情况基本相同，因此，只需研究某一高度上的流面内(通常为平均直径处的流面)的流动。展开在一个平面内的叶栅叫做平面叶栅，在平面叶栅上流体流动的讨论是研究叶栅流动的基础。对于径高比较小的级，不能用一特定流面上的流动来描述其他流面上的流动状况。

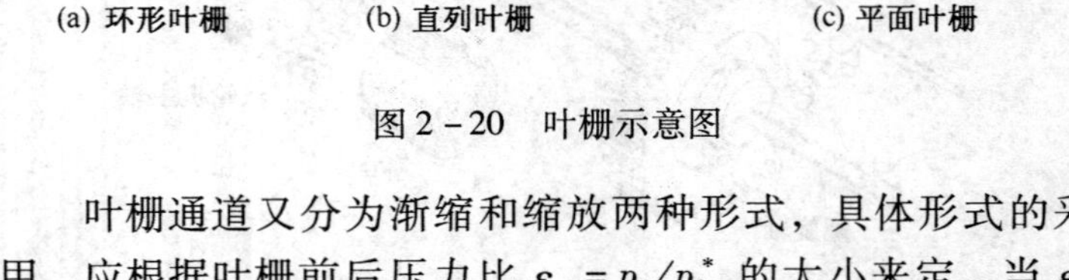

(a) 环形叶栅　(b) 直列叶栅　(c) 平面叶栅

图 2-20　叶栅示意图

叶栅通道又分为渐缩和缩放两种形式，具体形式的采用，应根据叶栅前后压力比 $\varepsilon_n = p_1/p_0^*$ 的大小来定。当 ε_n 大于或等于临界压比($\varepsilon_n \geq \varepsilon_{cr}$)时，应采用渐缩型；当 $\varepsilon_d < \varepsilon_n < \varepsilon_{cr}$时，仍采用渐缩型，此时可利用其斜切部分来满足汽

流膨胀的要求；当 $\varepsilon_n \leqslant \varepsilon_d$时，才采用缩放型。喷嘴叶栅根据上述的分析判断，可采用渐缩喷嘴，也可采用缩放喷嘴，而动叶栅一般都采用渐缩型。缩放叶栅不但加工比较困难，而且工况变动时效率降低，所以在汽轮机中尽量避免采用。

45. 叶栅有哪些主要几何参数？

反映叶栅几何特性的主要参数有：平均直径 d_m、叶片高度 l、叶栅节距 t_n、叶型宽度 B、叶型弦长 b、出口边厚度 Δ、进口边宽度 a 和出口边宽度 a_1 与 a_2 等。另外还有一些与叶栅通道形状和汽流方向有关的叶型角和汽流角，α_g 和 β_g 称为叶栅的安装角，对一定的叶型，安装角直接影响叶栅通道的形状、出口汽流角 α_1 和 β_2 的大小；α_{0g}和 β_{1g}为叶型进口安装角；α_{1g}和 β_{2g}为叶型出口安装角，如图 2－21 所示。这些参数都是由制造厂家设计时确定的。有些参数可根据标准叶型的有关参数来选取，有些参数要通过对级进行热力计算来确定，正确地选取这些参数，将会提高汽轮机通流部分的效率。

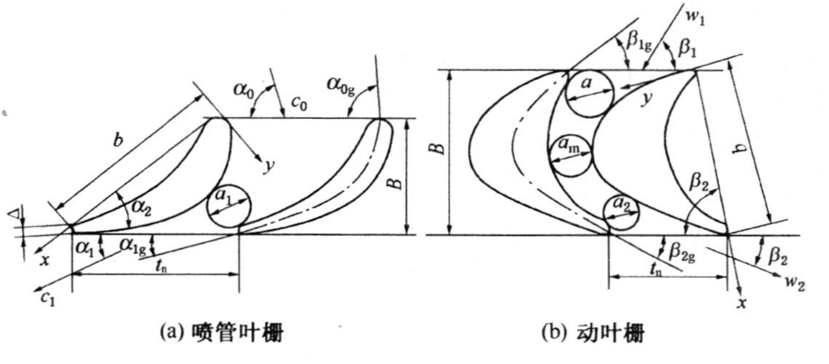

图 2－21　叶栅的几何参数

46. 什么是部分进汽度(率)?

工作喷嘴所占的弧段长度 $Z_n t_n$ 与整个圆周长 πd_n 的比值表示部分进汽的程度：$e=\frac{Z_n t_n}{\pi d_n}$。一般压力级中都采用全周进汽，即 $e=1$，而调节级毫无例外地采用部分进汽，即 $e<1$，由于调节级喷嘴组之间存在着隔离壁，即使所有调节阀全开也不可能做到全周进汽。

选择部分进汽度时，应考虑叶栅的高度不能小于 12 ~ 15mm，以保证较高的流动效率。在某些高压级中，由于蒸汽容积流量过小，同时期望在保持最佳速比的条件下，获得足够高的圆周速度，则需增大叶轮直径，正是这样的原因，使 $e \leqslant 0.8$。但是采用部分进汽后也会引起部分进汽损失，为使不致产生过大的损失，应 $e \geqslant 0.5$。

第三章　汽轮机的工作原理

1. 什么是喷嘴速度系数?

蒸汽在喷嘴中的流动是有损失的，其中包括粘性气体的摩擦损失，膨胀过程的不可逆损失等，这些损失造成喷嘴出口的实际速度 c_1 小于理想速度 c_{1t}，其比值称为喷嘴速度系数，用 φ 表示，即 $c_1=\varphi c_{1t}$。速度系数实质上表示了蒸汽在喷嘴流动过程中的损失，喷嘴出口实际速度小于理想速度所造成的能量损失，称为喷嘴能量损失 $\Delta h_{n\zeta}$。

$$\Delta h_{n\zeta}=\frac{1}{2}(c_{1t}^2-c_1^2)=\frac{c_{1t}^2}{2}(1-\varphi^2)$$

由于蒸汽在喷嘴中绝热流动，喷嘴中的能量损失重新转变为热能加热蒸汽本身，使喷嘴出口的实际比焓大于理论比焓。

2. 影响喷嘴速度系数的因素有哪些?

影响速度系数 φ 的因素很多，φ 的大小与喷嘴高度 l_n、叶型、表面粗糙度和前后压差等因素有关，其中与喷嘴高度 l_n 关系最为密切。图 3－1 是根据试验结果绘制的渐缩喷嘴速度系数 φ 与喷嘴高度 l_n 的关系曲线，由图可知，随着喷嘴高度 l_n 的增加，φ 值逐渐增加，当 $l_n>100$mm 时，φ 值基本上不再随 l_n 而增加，达到最大值。而当喷嘴高度 $l_n<15$mm 时，φ 值急剧下降，即喷嘴损失急剧增加，因此，为减小损失，在汽轮机设计时要求喷嘴 l_n 不小于 15～20mm。

现代汽轮机的喷嘴速度系数常取 $\varphi=0.92\sim0.98$。为了方便计算，一般取 $\varphi=0.97$，而把其中与喷嘴高度有关的损失抽出来另用经验公式计算。

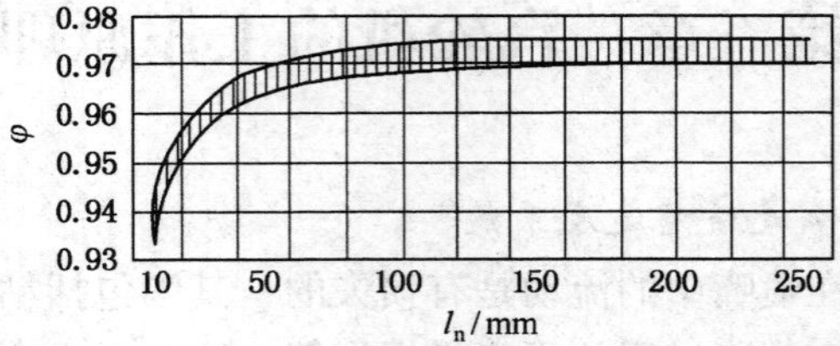

图 3-1　渐缩喷嘴速度系数随高度的变化

3. 什么是蒸汽的相对速度？

动叶片以转速 n(r/min)旋转，用 u 表示动叶进出口平均直径 d_m 处的圆周速度，方向为动叶运动的圆周方向，则 $u=n\pi d_m/60$(m/s)。

速度$\vec{c_1}$是汽流在喷嘴出口的绝对速度，由于动叶片以圆周速度 $\vec{u}$ 做周向运动，所以，蒸汽进入动叶的相对速度$\vec{w_1}$为$\vec{w_1}=\vec{c_1}-\vec{u}$。

利用图解法(如图 3-2)或解析法可求出动叶进口处蒸

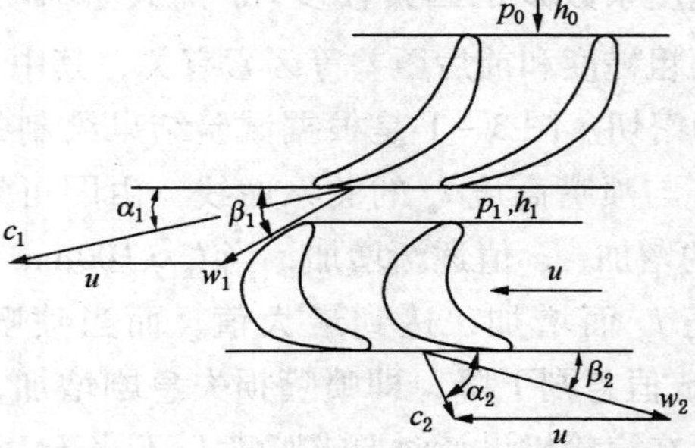

图 3-2　动叶栅进出口速度三角形

汽的相对速度$\vec{w_1}$的大小和方向角β_1。β_1为汽流相对速度$\vec{w_1}$与动叶圆周速度$\vec{u}$方向的夹角，称为动叶的进汽角。为了使蒸汽进入动叶时不发生撞击造成损失，动叶进口安装角β_{1g}应与进汽角β_1基本一致。

4. 什么是动叶速度系数?

由于实际流动过程存在流动损失，造成动叶出口汽流的实际相对速度w_2低于理想速度w_{2t}，与喷嘴流动相似，可以用动叶速度系数Ψ表示降低的程度，即$w_2=\Psi w_{2t}$。

动叶栅中的能量损失也可用动能损失表示为$\Delta h_{b\zeta}=\frac{1}{2}(w_{2t}^2-w_2^2)=(1-\Psi^2)\Delta h_b^*$

动叶速度系数Ψ与动叶高度l_b、反动度Ω、叶型、动叶片的表面粗糙度等因素有关，其中特别是与l_b和Ω的关系较为密切，并随着l_b及Ω增大而增大。其值可以通过试验得到，通常取$\Psi=0.85\sim0.95$。为了方便计算，一般是单独计算动叶高度变化引起的损失。图3-3是仅考虑Ψ随Ω及w_{2t}的变化关系曲线。

5. 什么是余速损失?

蒸汽在动叶栅中做功后，以$c_2^2/2$的余速动能离开动叶栅，它是未能在动叶栅中转换为机械功的一部分动能，称为这一级的余速损失Δh_{c2}，即$\Delta h_{c2}=\frac{c_2^2}{2}$。

6. 叶高损失Δh_l是怎样产生的?

蒸汽在叶栅通道内做曲线运动时，受到两个力的作用，一是离心力，二是由于汽道内弧指向背弧的压力差产生的作用力，在大部分的汽道内，这两个力是平衡的，但是在叶栅汽道上下两个端面蒸汽的离心力较小，从而产生横向流动，这种流动称为二次流，如图 3-4 所示。在靠近端面的背弧上，二次流与主流的附面层相互作用，其结果使两端面上的附面层剧烈增厚，在大多数情况下，形成了局部脱离，加上

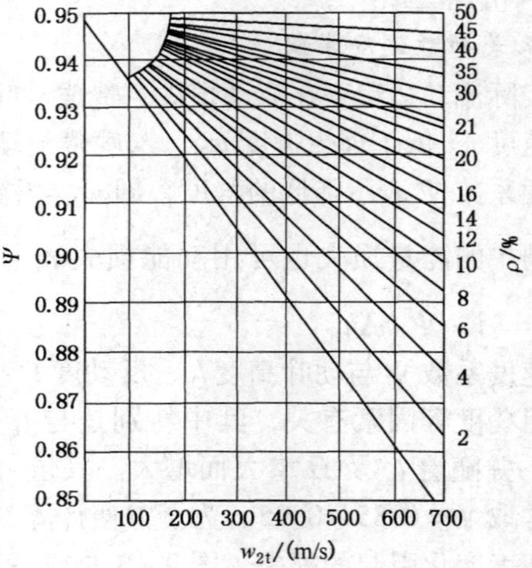

图 3-3　Ψ 随 Ω 及 w_{2t} 的关系曲线

因端面附近二次流使得主汽流产生横向的补偿流动，在叶片背面与壁面的交界处形成了两个方向相反的旋涡区，从而引起了较大的能量损失，这种损失称为二次流损失。

二次流损失与叶片高度密切相关，当叶片较长时，二次流在上下两端面产生的旋涡对主流的影响较弱；反之，当叶片较短时，尤其是 $l_b < 12$mm 时，上下两端面的旋涡汇合并充满整个汽道，二次流损失剧增。因此，二次流损失又称为叶高损失。例如，调节级采用部分进汽，增加叶片高度，就是为了减小叶高损失。另外还可采用减小叶栅的平均直径的

办法，以增加叶片高度，减小叶高损失。

7. 扇形损失 Δh_θ 是怎样产生的？

汽轮机级的设计计算都是以平均直径 d_m 处的截面为基础的，在这个截面上选择最佳的叶栅节距及汽流角，其计算结果在较短的等截面叶片级上是较准确的，在较长的等截面

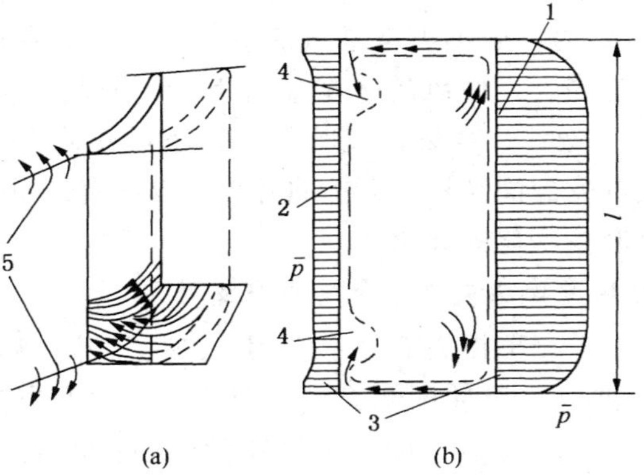

图 3－4　叶栅汽道内二次流示意图

（a）双旋涡示意图；（b）附面层和压力分布示意图

1—内弧；2—背弧；3—压力图；4—附面层增厚区；5—双旋涡

叶片级中，环形叶栅的汽流参数和几何参数沿叶片高度变化较大，会产生偏离设计值的附加损失，这些附加损失统称为扇形损失 Δh_θ。

扇形损失的大小与径高比 $\theta = \dfrac{d_b}{l_b}$ 的平方成反比，θ 越小，扇形损失越大。当 $\theta > 8 \sim 12$ 时，可采用等截面直叶片，设计和加工都比较方便，但存在着扇形损失；当 $\theta < 8 \sim 12$ 时，应采用扭叶片，因为扭叶片是采用了径向平衡法而具有一定

的扭曲规律，可避免扇形损失，但加工困难、制造成本较高。

8. 为什么要采用扭曲叶片？

当级内叶片比较短时，即径高比 $\theta>8\sim12$ 时，它的顶部和根部汽流参数值变化不大。这时，根据级的平均直径处的断面参数进行热力计算的结果，可以应用于叶片的所有半径的各断面上。但实际上，级内汽流参数是沿叶高变化的，当 $\theta<8\sim12$ 时，若不再考虑汽流参数沿叶高的变化，将产生许多附加损失，使级的效率显著下降。因此，当 $\theta<8\sim12$ 时，必须把长叶片设计成叶片进口角以及截面积沿叶片高度变化的变截面叶片，即扭曲叶片，以适应圆周速度和汽流参数沿叶高变化的规律。

9. 叶轮摩擦损失 Δh_f 是怎样产生的？

产生叶轮摩擦损失的根本原因，是由于蒸汽具有粘性。如图 3－5 所示，叶轮两侧充满了停滞的蒸汽，当叶轮旋转时，紧贴在叶轮表面的蒸汽以与叶轮相同的速度一起旋转，而紧贴在隔板和汽缸壁的蒸汽速度为零。因此在叶轮两侧到隔板的轴向间隙中，蒸汽形成了层与层之间的速度差，从而产生了摩擦损失 Δh_f，这种摩擦损失包括两方面内容：（1）由于蒸汽间的速度差，造成蒸汽分子间的相互牵制和蒸汽与金属壁面的摩擦，要消耗掉叶轮的部分有用功。（2）靠近叶轮两侧的蒸汽随叶轮一起旋转，产生离心力，做向外的径向流动；靠近隔板壁面的蒸汽自然向下流动

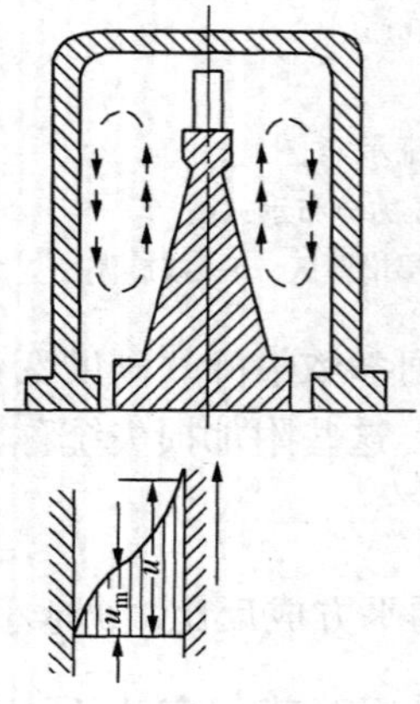

图 3－5 级汽室内的汽流速度分布

以填补叶轮附近的空隙，这样，在叶轮的子午面上就产生了蒸汽涡流，也要消耗一部分有用功。

从结构上看，可以采取减小叶轮与隔板间的轴向间隙和降低叶轮表面粗糙度的方法减小叶轮摩擦损失。影响摩擦损失的主要因素有轮周速度 u、级的平均直径 d、蒸汽比容 v。从汽轮机高压级到低压级，u、d 和 v 都呈增大趋势，尤其 v 增大明显，因此它对摩擦损失影响最大。在汽轮机的高压级中，由于比容较小，摩擦损失较大；而在低压级中，比容很大，摩擦损失很小，通常可以忽略不计。对于反动式汽轮机，由于动叶片直接装在轮毂上，因此，是不考虑叶轮摩擦损失的。

10. 鼓风损失 Δh_w 是怎样产生的？

在部分进汽的级中，喷嘴分组布置，可分为“工作弧段”和“非工作弧段”。鼓风损失发生在非工作弧段。旋转的动叶片每一瞬间都会处于喷嘴工作弧段或非工作弧段，在非工作弧段，动静轴向间隙中充满了停滞的蒸汽，当动叶片转动到非工作弧段时，会像鼓风机一样，将这些停滞的蒸汽从叶轮的一侧鼓到另一侧，这要消耗掉部分有用功，这部分能量损失称为鼓风损失。由于动叶片是全周布置的，所以，鼓风损失是连续存在的。

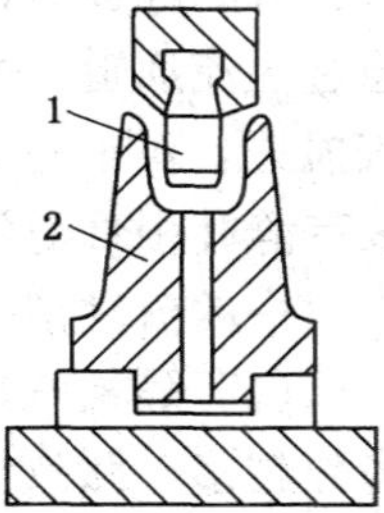

图 3－6 部分进汽时采用护罩的示意图

1—叶片；2—护罩

部分进汽度越小，鼓风损失越大。为了减小鼓风损失，除合理选择部分进汽度外，还可采用护罩装置，如图 3－6 所示。在非工作弧段内把动叶栅罩住，以减小鼓风损失。

11. 斥汽损失 Δh_s 是怎样产生的?

与鼓风损失相反，斥汽损失发生在喷嘴工作弧段。刚从非工作弧段转到工作弧段的动叶栅内充满了停滞的蒸汽，喷嘴中流出的蒸汽须首先排斥并加速这些停滞蒸汽，要消耗掉工作蒸汽的部分动能。此外，由于叶轮高速旋转的作用，在喷嘴组出口端与叶轮的间隙中发生漏汽，而在喷嘴组进口端的间隙中，将一部分停滞蒸汽吸入汽道，也形成了损失，这些损失统称为斥汽损失。

动叶栅每经过一组喷嘴弧段时就要产生一次斥汽现象，所以在一定部分进汽度时，喷嘴组数越多，斥汽损失就越大。为减小斥汽损失，应尽量减少喷嘴组数。

12. 漏汽损失 Δh_δ 是怎样产生的?

冲动级和反动级的通流部分、动静部分都存在径向间隙，且间隙前后都存在压力差，这使得工作蒸汽的一部分不通过主流通道，而是经过径向间隙流过，造成漏汽，称为漏汽损失。对于冲动级有隔板汽封漏汽和叶顶漏汽，对于反动级有静叶根部漏汽和动叶顶部漏汽。图 3－7 是蒸汽在隔板汽封中的流动情况。减小隔板漏汽损失的措施有：

（1）隔板汽封的设置是减小漏汽损失的最有效办法，且齿数越多，漏汽量越小；

（2）在喷嘴和动叶根部处设置轴向汽封，减少进入动叶的漏汽量；

（3）在叶轮上开平衡孔，并在动叶根部处采用适当的反动度，使隔板漏汽全部通过平衡孔流到级后，避免隔板漏汽进入动叶汽道，扰乱主汽流。

13. 湿汽损失 Δh_x 是怎样产生的?

凝汽式多级汽轮机的末几级常在湿蒸汽区工作，要产生湿汽损失。产生湿汽损失的原因有：

(1) 湿蒸汽在喷嘴中膨胀时，一部分蒸汽凝结成水滴，使做功的蒸汽量减少。每千克湿蒸汽中，大约减少$(1-x)$ kg 的蒸汽量。

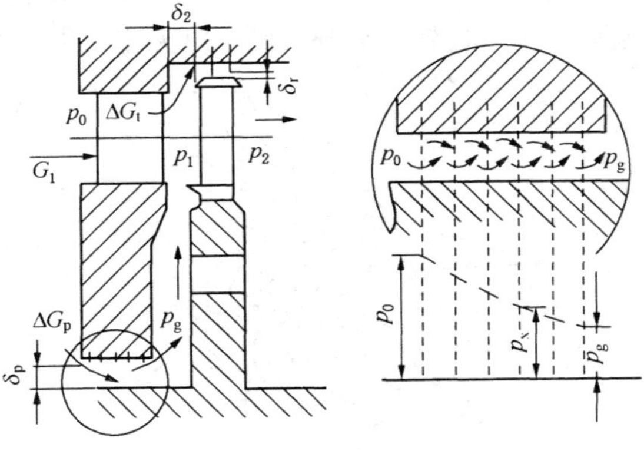

图 3－7 隔板汽封装置

(2) 不做功的水珠，其流速低于蒸汽流速，这样，高速蒸汽被低速水珠牵制，消耗了部分动能，造成损失。

(3) 湿蒸汽流动中，水珠的流速一般只能达到蒸汽流速的 10%～13% 左右，由速度三角形可知，在相同的圆周速度下，水珠在进入喷嘴和动叶时，流动方向将撞击在喷嘴和动叶的背弧上，如图 3－8 所示。若撞击在喷嘴背弧上，则扰乱了主流造成损失，若撞击在动叶背弧上，则阻碍了动叶的旋转，消耗了叶轮的有用功。

(4) 湿蒸汽的“过冷现象”也是造成湿汽损失的原因之一。在高速流动的蒸汽中，湿蒸汽的凝结往往出现滞后，不能及时释放出汽化潜热，形成了过饱和蒸汽或称过冷蒸汽，造成蒸汽不能有效地利用这部分热量，产生过冷损失。

对湿蒸汽的讨论，更主要的是它对叶片的侵蚀，大量实践证明，湿蒸汽的侵蚀是造成叶片损坏的主要原因之一。采用去湿装置，可大大减少湿蒸汽中的水分，是提高动叶抗侵蚀能力的办法之一；此外，还应对叶片背弧表面进行处理，如镶焊硬质合金、镀铬、局部淬硬、电火花硬化、氮化等。

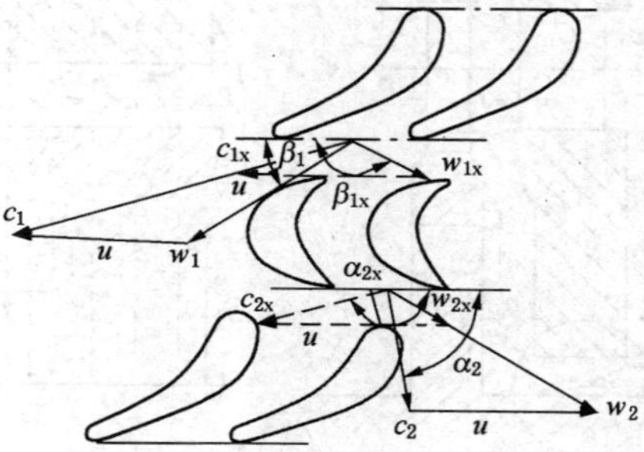

图 3-8　水珠撞击动、静叶示意图

14. 如何减少湿汽损失?

采用去湿装置，利用水珠的离心力使水珠经过捕水槽道进入捕水室，然后沿捕水室流至汽缸下部的疏水槽中，最后流到低压加热器或凝汽器。另外，还可以采用具有吸水缝的空心叶片，将喷嘴叶栅做成空心叶型，并使其空心部分与压力较低的低压加热器或凝汽器相连，形成负压，将喷嘴表面的凝结水膜自叶栅上的吸水缝吸走。但最根本的措施是运行中限制蒸汽的湿度，一般规定汽轮机末级叶片后排汽的最大可见湿度(指在 $h-s$ 图上查到的湿度)不得超过12%~15%。

15. 汽轮机级内存在哪些主要的能量损失?

汽轮机级内存在的主要能量损失有：

（1）级内轮周损失，包括喷嘴能量损失、动叶能量损失和余速损失；

（2）叶高损失；

（3）扇形损失，等截面直叶片存在着扇形损失，扭叶片没有扇形损失；

（4）叶轮摩擦损失，采用转鼓的反动式汽轮机，不存在这项损失；

（5）部分进汽损失，包括鼓风损失和斥汽损失。全周进汽的级不存在此项损失；

（6）漏汽损失；

（7）湿汽损失，汽轮机末几级在湿蒸汽区工作，才存在此项损失。

16. 什么是汽轮机级的相对内效率？

由于汽轮机级内存在各种损失，级的理想能量——等熵焓降不可能全部转变为机械功。级的等熵焓降扣除级内实际存在的各种能量损失以后，为级的有效焓降 Δh_i，是可以转变为机械功的即部分能量。级的有效焓降与级的滞止等熵焓降之比，称为级的相对内效率。它表示级内能量转换的完善程度。

17. 级效率有哪些结构方面的影响因素？

级内最大效率的实现，一方面需要某些热力参数达到最佳值，另一方面也依赖于通流部分结构的合理性，如动、静叶之间的轴向间隙、径向间隙、叶片宽度、拉金、平衡孔等。这些通流部分的结构不仅影响汽轮机的级效率，而且影响着机组的安全。

18. 动、静叶之间的轴向间隙如何影响级效率？

图 3－9 为动静叶栅之间的轴向间隙示意图，其中 δ_1 和

δ_2 为闭式轴向间隙，δ_z 为开式轴向间隙，动静叶栅之间的总间隙 $\delta = \delta_1 + \delta_2 + \delta_z$。

从减少漏汽角度看，开式轴向间隙 δ_z 越小越好，但由于机组运行中动静间的相对膨胀差的原因，为避免动静摩碰，δ_z 又不能太小，一般 $\delta_z = 1.5 \sim 2.0\text{mm}$。

δ_1 和 δ_2 的影响也是两方面的，较大时，可减少喷嘴出口尾迹的影响，使动叶进口汽流均匀，可提高效率，但却使汽流与汽道上下壁面之间的摩擦增大，级效率降低，这种影响随着叶片高度的变化而不同。当叶高较小时，因增大闭式轴向间隙而带来的摩擦损失与汽流均匀化带来的好处互相补偿。而在叶高较大时，效率的提高则很显著。较大的闭式间隙还可以改善动叶的振动条件，并有利于分离低压级叶片中的水滴。所以这项措施对长叶片级是很有利的。

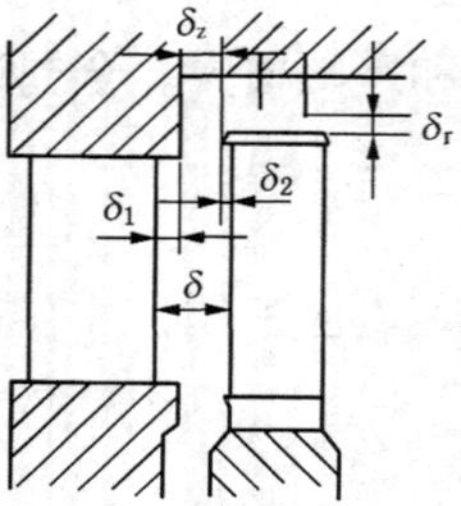

图 3－9　动叶顶部轴向和径向间隙示意图

19. 径向间隙如何影响级效率？

为了减少漏汽，隔板内缘与轴之间装有汽封装置，特别是在高压级中隔板较厚时，汽封齿数可以增多并可采用高低齿的形式，效果很好。汽封凹槽的开档 Δ 和径向间隙 δ_p 都要取得恰当，既要考虑封汽效果，也要考虑防止动静摩擦，一般 $\Delta = 11 \sim 12\text{mm}$，$\delta_p = 0.5 \sim 1.5\text{mm}$。

对于反动度较大的级，动叶顶部围带加设径向汽封是减小漏气损失提高级效率的一项有效措施。尤其是反动式汽轮机高中压缸各级动叶顶部均有径向汽封。装设径向汽封后，大约可提高级效率 2%。

20. 叶片宽度如何影响级效率？

叶片宽度增大，将增加端部二次流损失，对较短叶片级的影响更大，所以采用窄叶片是有利的，但是在汽道表面粗糙度相同的情况下，叶片宽度减小，雷诺数也随之减小，导致叶型能量损失显著增加，因此有一个最佳宽度。在汽轮机的高压级，喷嘴高度较小，为减少损失，采用窄喷嘴，由于喷嘴减窄，强度不足，高压隔板常加设加强筋来弥补，但加强筋的使用也带来了一定的附加损失，因此，在选择导叶宽度时，要求对具体条件进行仔细的分析。一般对叶片高度 $l_n < 60\text{mm}$ 的喷嘴采用宽度 $B_n = 25\text{mm}$。

21. 拉金如何影响级效率？

为了改善叶片的振动特性，在长叶片级中，通常采用拉金把叶片连接起来，以提高叶片的刚性。但是加设拉金却使动叶中蒸汽流场异常，造成级内损失增加，级效率降低。一般装一根拉金降低效率 1% ~2%，装二根拉金降低效率 2% ~3%，因此，设计时尽量不采用拉金结构，目前在长叶片级上常用叶冠结构来取代拉金。非用拉金不可，则用椭圆拉金代替圆拉金，以改善动叶流场。

22. 平衡孔如何影响级效率？

叶轮上开设平衡孔是为了减小轴向推力，但在客观上它对级效率起着不可忽视的作用。假如没有平衡孔，则不管反动度多大，通过隔板汽封的漏汽将全部流入主流的区域中去，扰乱主流。有了平衡孔后，则平衡孔对级效率的影响取决于叶根反动度的大小和隔板漏汽量的多少。当叶根反动度过大或为负值时，平衡孔会助长叶根的漏汽或吸汽，使级效率降低，因此平衡孔只有在动叶根部反动度适当或隔板漏汽量较大时，才有利于级效率的提高。平衡孔的通流面积应能使隔板漏汽全部通过流到级后，在动叶根部不发生漏汽和吸汽，这样才能使级具有较高的效率。

23. 什么是多级汽轮机？为什么一般汽轮机都是多级的？

由若干个级依次迭置的汽轮机，称为多级汽轮机。

因为蒸汽在一个汽轮机级中的膨胀是有限的，而汽轮机一个级的功率 P_i 为：

$$P_i = G\Delta h_t^* \cdot \eta_i$$

式中 P_i——单级的内功率；

Δh_t^*——级的滞止等熵焓降；

η_i——级的相对内效率；

G——通过该级的蒸汽流量。

由此可知，汽轮机级的功率主要受级的等熵焓降及蒸汽流量的限制。实用的汽轮机要求功率大、效率高，为此采用了高的新蒸汽参数和低的排汽压力，等熵焓降就很大，汽轮机就必须是多级的，蒸汽依次在各级中膨胀做功，汽轮机的总功率为各级功率之和。多级汽轮机不仅具有功率大、效率高的优点，而且可以实现中间再热、抽汽、回热加热等措施，进一步提高机组的经济性。因此，实用的汽轮机几乎都是多级汽轮机。

24. 多级汽轮机的损失有哪些能量损失？

汽轮机作为一个整体，除了存在各级的级内能量损失外，还有一些其他的能量损失。

（1）轴端轴封的漏汽损失。为了减少汽缸内的高压高温蒸汽向外泄漏，避免外界空气自低压端漏入汽缸，破坏汽轮机的排汽真空，在汽轮机主轴两端有轴封。轴端轴封漏汽主要是减少了进入汽轮机做功的蒸汽量，在计算汽轮机的总耗汽量时应考虑这部分损失。(2)进排汽阻力损失。(3)机械损失。(4)发电机损失。

25. 如何减少进汽阻力损失?

新蒸汽进入汽轮机的第一级之前，必须先经过主汽阀、调节阀和蒸汽室。蒸汽通过这些部件时会产生压力降，其中主汽阀和调节阀最为严重。由于通过这些部件时蒸汽的散热损失可忽略不计，因此蒸汽通过进汽机构时的热力过程是一个节流过程，即蒸汽通过进汽机构后有压力降落，比焓值不变，导致全机实际的理想比焓降小于没有节流时的理想比焓降，其减少的焓值即为节流引起的比焓降损失，称为汽轮机进汽阻力损失。

蒸汽进入汽轮机工作级前通过进汽机构时的节流损失与汽流速度、阀门类型、汽阀型线以及汽室形状等因素有关。在设计时一般总让蒸汽流过主汽阀、蒸汽管道等的速度小于40~60m/s，使其压力损失控制在 $\Delta p_0 = p_0 - p_0' = (0.03 \sim 0.05)p_0$。对于设计良好的机组，此值可小于0.03。

为了减小进汽阻力损失，限制蒸汽流速是一个办法，但并不能从根本上解决问题。根据连续性方程，流速减小势必增大通流面积，这将使汽门的尺寸加大，体积庞大，给制造、安装、运行都带来一定困难。因此，减小进汽阻力损失的主要方法是改进蒸汽在通过汽阀时的流动特性。改进阀门的结构类型对改善阀门流动特性有很大作用。近代汽轮机普遍应用的是带扩压管的单座阀，这种阀门的关闭严密性较好，同时因有扩压管存在，虽阀内蒸汽的最大流速较高，但在扩压管中可把部分蒸汽动能重新变为压力能，因而即使在阀门尺寸较小的条件下，仍有较小的节流损失和较高的效率。

26. 如何减少排汽阻力损失?

进入汽轮机的蒸汽在各级作功后，从末级动叶流出来经排汽管排出。排汽在排汽管中流动时，由于摩擦、涡流、转向等阻力作用而有压力降，这部分蒸汽压降没有做功，形成损失，称为汽轮机的排汽阻力损失。p_c'表示凝汽式汽轮机末级动叶出口的静压，p_c 表示凝汽器喉部静压，其差值 $\Delta p_c = p_c' - p_c$ 为排汽阻力损失。由于这项损失的存在，汽轮机可利用的理想比焓降降低。

排汽阻力损失 Δp_c 的大小取决于蒸汽在排汽管中的流速、排汽部分的结构形式以及型线的好坏等，一般可这样估算

$$\Delta p_c = \lambda\left(\frac{c_{ex}}{100}\right)^2 p_c$$

式中 λ——排汽管的阻力系数；

c_{ex}——排汽管中汽流速度，m/s；

p_c——排汽管出口压力，对于凝汽式机组为凝汽器喉部压力，kPa。

对于凝汽式机组 $c_{ex} \leqslant 100 \sim 120$m/s，对于背压式机组 $c_{ex} \leqslant 40 \sim 60$m/s。阻力系数 λ 的变化范围较大，对于凝汽式机组，凝汽器一般布置在汽轮机的下面，汽流在排汽管中的方向要改变 90°，损失较大，这时阻力系数 $\lambda = 0.05 \sim 0.1$。对于设计良好的排汽管，可有效利用末级出口的余速动能，则 λ 值较小，有时可小于 0.05，甚至为 0，或是负值。一般情况下，汽轮机排汽阻力损失 $\Delta p_c = (0.02 \sim 0.06) p_c$。

对于大功率凝汽式汽轮机，由于排汽余速较大，为提高机组的经济性，可通过扩压的办法把排汽动能转换为静压，

以补偿排汽管中的压力损失，这样，排汽管既是排汽的通道，又是一个具有较好扩压效果的扩压器。

27. 什么是汽轮机组的机械效率？

汽轮机运行时，要克服支持轴承和推力轴承的摩擦阻力，还要带动主油泵、调速器等，这都将消耗一部分有用功而造成损失，这种损失称为机械损失。由于存在机械损失，汽轮机联轴器上可用来带动发电机的功率（称为汽轮机的轴端功率或有效功率）将小于汽轮机内部实际发出的功率（内功率）。因此汽轮机的机械效率为

$$\eta_m = \frac{P_e}{P_i} = \frac{P_i - \Delta P_m}{P_i} = 1 - \frac{\Delta P_m}{P_i}$$

式中 P_e——汽轮机的有效功率；

P_i——汽轮机的内功率；

ΔP_m——机械损失功率，其大小与转速有关，随着转速的增大而增大。

对于同一台汽轮机，在一定转速下 ΔP_m 在不同负荷下近似为一常数，因此汽轮机的机械效率随内功率的增加而增大。对于不同功率的机组，功率大的机组的调速器、主油泵等所消耗的功率并不成正比增大，所以大功率机组的机械效率比小功率机组高。汽轮机的机械效率在设计工况下一般在0.92～0.99范围内。

28. 什么是发电机效率？

发电机损失，包括发电机的机械损失（机械摩擦和鼓风等）和电气损失（电气方面的励磁、铁心损失和线圈发热等）。考虑发电机的机械损失和电气损失后，发电机出线端的功率 P_{el} 要小于汽轮机的轴端功率 P_e，两者之比即为发电机效率 η_g，可表示为

$$\eta_g = \frac{P_{el}}{P_e} = 1 - \frac{\Delta P_g}{P_e}$$

式中　Δp_g——发电机损失。

29. 什么是汽轮机的相对效率和绝对效率?

汽轮机的功率与理想功率之比，为相对效率。最常用的是相对内效率，相对内效率的高低反映了汽轮机内部各项能量损失的大小，是汽轮机本身好坏的标志，包括了设计、制造、装配和运行等因素。但相对效率只能衡量汽轮机本身的经济性。

实际上在汽轮机装置的循环中，加给每千克蒸汽的热量(在锅炉中)比蒸汽在汽轮机中的理想焓降要大的多。因为在整个热力循环中存在着很大的冷源损失(乏气在凝汽器中凝结时放出热量)。因此，用绝对效率来衡量整个汽轮机装置的经济性。

汽轮机的功率与锅炉中加给蒸汽的热量之比，称为汽轮机的绝对效率。

30. 什么是汽耗率?

机组每生产 1kW·h 功所消耗的蒸汽量称为汽耗率，用 d 表示，单位为 kg/(kW·h)。对于蒸汽初终参数不同的汽轮机，即使功率相同，但它们消耗的蒸汽量却不同，所以就不能用汽耗率来比较其经济性，对于供热式汽轮机更是如此。因此，汽耗率不适宜用来比较不同类型机组的经济性，而只能评价同类型同参数的汽轮机。

31. 什么是热耗率?

每生产 1kW·h 功所消耗的热量称为热耗率，以 q 表示，单位为 kJ/(kW·h)。$q = d(h_0 - h_{fw})$，h_0 为锅炉出口蒸汽的焓，为 h_{fw} 锅炉进口给水焓。

对于不同参数的汽轮机可用热耗率来评价机组的经济性。

32. 汽轮发电机组的各种效率及热经济指标的大致范围是多少？

汽轮发电机组的各种效率及热经济指标的大致范围如表3－1所示。

表3－1　汽轮发电机组的效率及热经济性指标

额定功率/MW	相对内效率 η_i	机械效率 η_m	发电机效率 η_g	绝对电效率 $\eta_{a,el}$	汽耗率 d/[kg/(kW·h)]	热耗率 q/[kJ/(kW·h)]
0.75～6	0.76～0.82	0.965～0.985	0.93～0.96	<0.29	>4.9	>12980
12～25	0.82～0.85	0.985～0.99	0.965～0.975	0.30～0.33	4.7～4.1	12140～10880
50～100	0.85～0.87	～0.99	0.98～0.985	0.37～0.39	3.7～3.5	9630～9210
125～200	0.87～0.88	>0.99	0.985～0.99	0.42～0.43	3.2～3.0	8500～8370
300～600	0.885～0.90	>0.99	0.985～0.99	0.44～0.46	3.2～2.9	8100～7810
>600	>0.9	>0.99	0.985～0.99	>0.46	<3.2	<7800

33. 多级汽轮机包括哪些轴向推力？

在轴流式汽轮机中，通常是高压蒸汽由一端进入，低压蒸汽由另一端流出，从整体来看，蒸汽对汽轮机转子施加了一个由高压端指向低压端的轴向力，使汽轮机转子存在一个向低压端移动的趋势，这个力就称为转子的轴向推力。汽轮机整个转子上的轴向推力主要是各级轴向推力的总和。

作用在冲动级上的轴向推力包括三部分：作用在动叶上的轴向推力、作用在叶轮轮面上的轴向推力、作用在轴的凸肩处的轴向推力。

在反动式汽轮机中，作用在通流部分转子上的轴向推力由下列三部分组成：①作用在叶片上的轴向推力；②作用在轮鼓锥形面上的轴向推力：③作用在转子阶梯上的轴向推力。

34. 如何平衡轴向推力？

多级汽轮机的轴向推力与机组容量、参数和结构有关，数值较大，反动式汽轮机的轴向推力更大。在现代汽轮机中为了减小止推轴承所承受的推力，都应尽可能地设法使轴向推力得到平衡。主要采用的方法有：

（1）平衡活塞法。

（2）叶轮上开平衡孔。叶轮上开平衡孔后，叶轮前后的压差自然就小了，特别是对前后压差较大的高中压级叶轮一般都采用这种方法。

（3）相反流动布置法。

（4）采用推力轴承。轴向推力经上述方法平衡后，剩余的部分由推力轴承来承担。一般要求推力轴承应承受适当的推力，以保证在各种工况下，推力方向不变，使机组能稳定地工作而不发生窜轴现象。

35. 平衡活塞的作用是什么？

在汽轮机的高压端，将第一个轴封套的直径加大作为平衡活塞。在活塞的两端作用着不同的蒸汽压力，以产生相反方向的轴向推力，这就是平衡活塞法。图 3－10 所示为平衡活塞示意图，轴向平衡推力的大小为：

$$F_z' = \frac{\pi}{4}(d_2^2 - d_1^2)\Delta p$$

其中 d_2，d_1 分别为平衡活塞作用面的外径、内径；Δp 为平衡活塞两侧的压力差。若平衡活塞的大小和两侧的压力选择得当，则可使转子上的轴向推力合理地得到平衡。

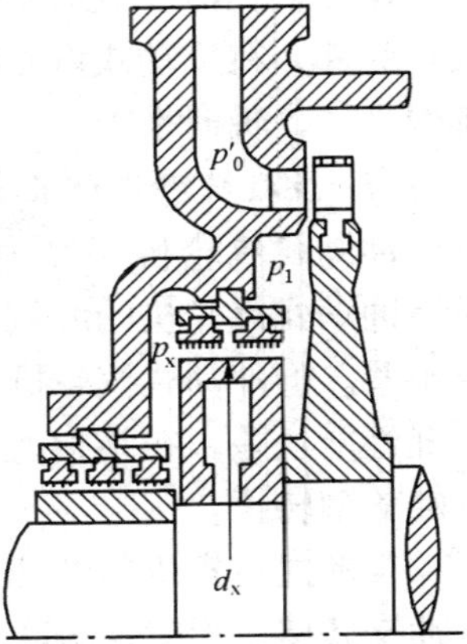

图 3－10　平衡活塞示意图

随着机组容量的增大，轴向推力也愈来愈大，这样，平衡活塞的外径将增加得很大。但平衡活塞是加大了外径尺寸的高压外轴封，因此，轴封漏汽面积也随之增大，漏汽量增加，机组效率降低。正是由于这一缺点，高参数、大容量汽轮机必须采用其他方法来平衡轴向推力。

36. 相反流动布置法如何平衡轴向推力？

如果汽轮机是多缸的，则可适当布置汽缸，使不同汽缸中的汽流作相反方向流动，这样不同方向的汽流所引起的轴向推力方向相反，可相互抵消一部分。如可以采用高、中压对头布置和低压缸分流的布置，使高、中压缸和低压缸中汽流所引起的轴向推力方向相反，从而使轴向推力可相互抵消一部分。但中间再热机组的高、中压缸不能简单地采用这种相对布置方法，因为在工况变动时，由于再热系统中蒸汽容积的惰性很大，中压缸前压力与高压缸前压力不能同步改变，因此在变工况瞬间无法得到平衡，可能会给推力轴承造成很大的推力。

对于反动式汽轮机，由于其动叶前后压差比冲动式汽轮机大，所以它的轴向推力也比同类型冲动式汽轮机要大得多，为减小其轴向推力，反动式汽轮机毫无例外地采用转鼓和平衡活塞，活塞直径和前轴封漏汽量也比冲动式汽轮机大。此外，在反动式汽轮机中也应充分利用汽缸或级组对置排列来减少轴向推力。

37. 多级冲动式汽轮机和多级反动式汽轮机各有何特点？

冲动式汽轮机一级的做功能力较大，因而总功率相同时，冲动式汽轮机的级数比反动式要少，汽轮机的轴向尺寸要小些。但冲动式汽轮机的效率比反动式汽轮机要低，其变工况性能也差。在结构上，冲动式汽轮机每级一个叶轮，采用转轮型转子。

反动式汽轮机与冲动式相反，在总功率相同时，其级数比冲动式多，但效率较高。由于蒸汽在反动级动叶栅中继续膨胀，在动叶栅两侧存在压力差，因此反动级不能部分进汽，所以反动式汽轮机的第一级(也即调节级)通常是冲动级或速度级。在结构上，由于反动级动叶栅两侧有压力差，为避免过大的轴向推力，一般采用转鼓型转子，这也可以使机组的轴向尺寸有所减少。此外，反动式汽轮机转子上一般都装有平衡盘，以平衡掉部分轴向推力。

38. 凝汽式汽轮机、背压式汽轮机、调节抽汽式汽轮机各有何特点？

除少量回热抽汽外，其余蒸汽全部进入凝汽器的汽轮机为凝汽式汽轮机。这种汽轮机的排汽在凝汽器的高真空条件下凝结为凝结水，蒸汽凝结时放出的汽化潜热被冷却水(循环水)带走，由于其温度已很低，所以不可能被再次利用。凝汽式汽轮机的特点是排汽压力低，蒸汽在汽轮机中的焓降很大，汽轮机的功率可以很大，汽轮机组的经济性也比较高。

背压式汽轮机的排汽在高于大气压力的条件下排出汽轮

机，供给热用户。其排汽压力的高低由热用户的需要决定，其排汽量的多少也即汽轮机进汽量的多少也是由热用户的需要决定的。因此，背压式汽轮机的功率是由热负荷决定的，不能独立变动，所以它不能同时满足热、电(动力)负荷的需要。这种机组适用于热负荷较稳定的情况，同时另配有凝汽式机组来调节电负荷。另一种背压式机组，其排汽压力比较高，供给低压汽轮机进汽。这种背压式汽轮机又称前置式汽轮机。

调节抽汽式汽轮机，有部分蒸汽在汽轮机膨胀作功至一定压力下自汽轮机某级后抽出，供工业或采暖用，抽汽的压力可在一定范围内调节，故称为调节抽汽式汽轮机。抽汽可以只有一个压力(称为一次调节抽汽汽轮机)，也可以有两个不同的压力(称为两次调节抽汽汽轮机)。这种汽轮机可在一定负荷范围内同时满足热、电负荷的需要。

39. 什么是中间再热式汽轮机?

提高蒸汽动力装置的经济性的途径之一是提高新蒸汽的压力。但是，随着蒸汽初压力的提高，蒸汽在汽轮机内膨胀终了的湿度也将增加。汽轮机最后几级由于在湿蒸汽区工作，其叶片受到夹杂在蒸汽中的水滴的冲蚀而很快损坏。为了使汽轮机排汽的干度不致过低(一般不应低于88%左右)，在提高蒸汽初压的同时，可以提高蒸汽的初温。但蒸汽初温的提高受到金属材料强度的限制。为解决这一矛盾，目前超高压汽轮机都采取“中间再热”的措施。蒸汽的膨胀做功过程分两段进行：蒸汽先在汽轮机的高压缸内膨胀做功，高压缸排出的蒸汽送至锅炉的再热器在定压下再次被加热，一般加热到与新蒸汽具有相同的温度；然后蒸汽再去汽轮机的中、低压缸膨胀做功，达到最终的排汽压力。这种汽轮机称为中间再热式汽轮机。采用中间再热不仅可以提高蒸汽动力装置的经济性，而且也提高了单位质量蒸汽的作功能力，提高单机功率；还可以降低部分投资费用和厂用电的消耗。

40. 采用给水回热为什么能提高机组的经济性?

纯凝汽式汽轮机的蒸汽膨胀做功后全部排入凝汽器，蒸汽在凝汽器中被冷却水(循环水)冷却凝结为水，凝结时放出的汽化潜热被冷却水带走。由于其温度较低(在30℃左右)，无法再次利用，而这部分热量约占在锅炉中加给工质热量的50%以上。若能减少这部分能量损失，就可以提高蒸汽动力装置的经济性。采用给水回热是减少排汽在凝汽器中的热损失的有效措施。

所谓给水回热就是利用从汽轮机某中间级后抽出的少量蒸汽来加热给水。采用给水回热时，从凝汽器出来的凝结水不是由水泵直接送至锅炉，而是经过若干个加热器。一般是几个表面式加热器及一个混合式加热器(也称除氧器)，按压力的高低串联而成。凝结水依次经过各加热器，由汽轮机抽出的各级回热抽汽(不同的压力)分别在各级加热器中凝结放热，加热由凝汽器来的主凝结水(也即给水)，最后达到一定的给水温度送至锅炉。由于回收了回热抽汽(约占汽轮机总进汽量的20%～30%)的汽化潜热，使进入锅炉的给水温度提高，因而减少了锅炉的加热量，使机组的经济性得到提高。

41. 采用给水回热对汽轮机组都有哪些好处?

汽轮机大都设计成具有多级回热抽汽加热给水，提高循环的热效率和经济性。例如国产25MW汽轮机有5级回热抽汽，总抽汽量约占进汽量的15%。参数越高，容量越大的机组，回热抽汽量所占的比例越大，可高达30%～40%。

因为回热抽汽，因此流过汽轮机各级的蒸汽量逐级减少，这对汽轮机十分是有利。因为高压级的蒸汽流量比较大，可以使喷嘴和动叶的高度、部分进汽率不是太小，从而使高压级有较高的效率。低压部分蒸汽流量减小，可以适当减小最后几级通流部分的尺寸。

42. 工业汽轮机有何特点?

用于直接拖动各类泵、风机、压缩机的汽轮机为工业汽轮机。它一般根据生产过程的特殊需要进行设计或选用。与电站汽轮机相比，其功率较小，效率低，可变转速运行，有时直接利用生产过程的余热产生的蒸汽作为汽源，从整体上提高了经济效益。

第四章　汽轮机的热力系统及辅助设备

1. 什么是汽轮机的热力系统?

在汽轮机装置的生产过程中，锅炉和汽轮机是主要的热力设备，除此之外，还必须有各种辅助设备及把主、辅设备连接起来的各种热力系统。这些辅助设备及热力系统对装置运行的安全性和经济性有一定程度的影响。

根据厂热力循环的特征，将热力部分主、辅设备及其管道附件连成一整体的线路图称为热力系统图。热力系统图根据作用的不同又可分为原则性热力系统图和全面性热力系统图。

2. 汽轮机车间有哪些主要的热力系统?

汽轮机车间的主要热力系统有：

(1) 连接锅炉和汽轮机的主蒸汽系统；

(2) 供给各回热加热器和除氧器用汽的抽汽系统；

(3) 抽出凝汽器中的凝结水并送往各低压回热加热器和除氧器去的主凝结水系统；

(4) 把除氧器中的给水升压送至各高压加热器和锅炉的给水系统；

(5) 补充汽水循环中工质损失的补充水系统；

(6) 汽轮机本体疏水和其他热力设备疏水、放水的疏、放水系统；

(7) 向凝汽器供应冷却水的冷却水系统(又称循环水系统)；

（8）向润滑油冷却器及其他冷却设备供应冷却水的工业水系统。

对于供热汽轮机，还有热力网加热器、热力网水泵和向热用户供热水或蒸汽的热力网系统。对中间再热机组，还有再热蒸汽系统和适应机组启动、停机要求的旁路系统。

3. 什么是原则性热力系统？

原则性热力系统就是把主要热力设备和辅助设备按工质热力循环的顺序连接起来的简化系统。原则性热力系统图的特点是：

（1）同类型、同参数的设备在图上只表示一个；

（2）仅表示设备间的主要联系，主设备内部联系、备用的设备及其管路附件均不表示；

（3）除额定工况运行时所必须的附件（如在定压运行除氧器进汽管路上的调节阀）外，一般附件不表示。

原则性热力系统图的作用在于表明工质的能量转换及能量利用过程。它反映了能量转换过程的技术完善程度和经济性，是对机组的设计、运行管理利经济性水平进行定量分析的依据。

4. 典型机组的原则性热力系统举例。

国产 N100 - 8.826/535 型汽轮机系高压双缸双排汽口凝汽式机组。其进汽参数为 8.826MPa（90kgf/cm^2），535℃，排汽压力为 0.0049MPa（0.05kgf/cm^2），配用 HG400/100 型高压锅炉。其原则性热力系统如图 4 - 1 所示。该机组共有七段非调整抽汽，在设计工况下，各段抽汽参数和抽汽量如表 4 - 1所示。

该机组的第一、二段抽汽供两台高压加热器用汽，第三段抽汽作为除氧器 5 的加热汽源，第四、五、六、七各段抽汽分别供给 4 台低压加热器。低负荷运行时，第三段抽汽压力过低，不能保证除氧器需要，这时自动切换阀打开，由第二段抽汽供除氧器用汽，系统的经济性下降。

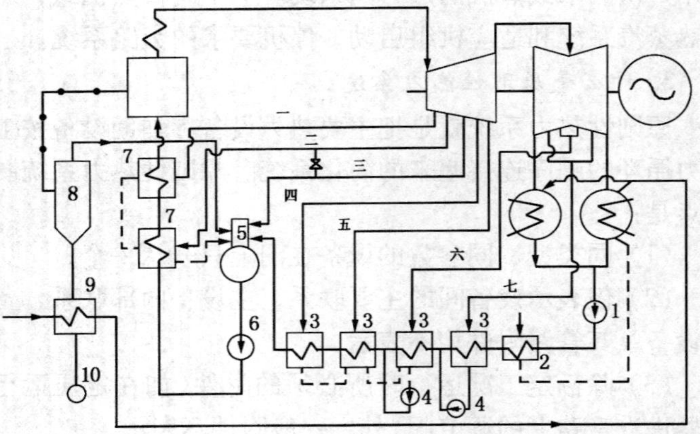

图 4－1　国产 N100－8.826/535 型汽轮机原则性热力系统

1—凝结水泵；2—轴封加热器；3—低压加热器；

4—疏水泵；5—除氧器；6—给水泵；7—高压加热器；

8—排污扩容器；9—排污水冷却器；10—地沟

表 4－1　N100－8.826/535 型汽轮机各段抽汽参数及抽汽量

段数 参数	一	二	三	四	五	六	七
压力/MPa	2.86	1.7171	0.9463	0.5815	0.1898	0.1255	0.0383
温度/℃	399	344	265	213	118	饱和	饱和
抽汽量/(t/h)	20.1	24.2	4.5	19.2	23.1	18	17.6

汽轮机的主凝结水由凝结水泵升压送入轴封汽加热器 2 加热。轴封汽加热器也是表面式换热器，它利用汽轮机轴端轴封漏出的蒸汽来加热主凝结水，其作用是回收轴封漏汽，提高系统的经济性。由轴封加热器出来的主凝结水依次流经

四台低压加热器后进入除氧器，除氧后的给水经给水泵升压，再经两台高压加热器将给水温度提高到 222℃ 后送入锅炉。

高压加热器的疏水逐级自流进入除氧器。低压加热器的疏水也采用逐级自流的方式，四段和五段抽汽冷凝后的疏水自流到六段抽汽的加热器中，和六段抽汽冷凝后的疏水一起用疏水泵送入该加热器的出口的主凝结水管道中。该机组的七段抽汽量较大，因此加热器的疏水量也大，为了回收这部分疏水的热量，也用疏水泵将本级疏水送到该加热器出口的主凝结水管道中。轴封加热器的疏水量很小，通过 U 形管送入凝汽器中。

该系统锅炉的连续排污量不多，所以采用一级排污扩容系统，扩容器闪蒸出来的二次蒸汽送入除氧器，扩容器排出的浓缩污水在排污水冷却器 9 中加热化学补充水后排入地沟或污水处理系统。

5. 什么是全面性热力系统？

用规定的符号表明全厂所有热力设备及其汽、水联系的热力系统图称为全面性热力系统图。其特点是：按设备的实际数量（包括运行和备用的全部主、辅热力设备及系统）来绘制；标明一切必须的连接管道及其一切附件。

全面性热力系统图的作用在于表明全厂热力设备的配置情况以及各种运行工况的切换方式，是厂制订规程、组织运行的重要依据。全面性热力系统有全厂的、机组的和局部的之分。全厂的机组的全面性热力系统应包括锅炉、汽轮发电机组、各种热交换器、减温减压器、各种泵类和箱类等全部汽水热力主、辅设备。局部的全面性热力系统是运行、检修及相关人员所使用的技术图册，通常分锅炉和汽轮机两本，它应包括小至水龙头的所有现场能找到的设备和管道。

6. 凝汽设备的任务是什么？它由哪些设备组成？

降低汽轮机的背压可以提高蒸汽动力装置循环的热效率，降低背压的有效方法是使汽轮机的排汽凝结成水。凝汽设备的任务是：在汽轮机的排汽口建立并保持高度的真空；回收汽轮机排汽凝结的水，作为锅炉的给水。

凝汽设备主要包括：凝汽器、循环水泵、凝结水泵和抽气器等。

7. 凝汽器有哪几种类型？

凝汽器按照排汽凝结方式不同可分为混合式凝汽器和表面式凝汽器两大类。混合式凝汽器采用排汽与冷却水直接混合接触的方法来使蒸汽凝结，具有结构简单、制造成本低的优点，但对冷却水质要求甚高，否则凝结水不能回收作为锅炉给水，故一般都不采用这种凝汽器。

8. 表面式凝汽器的结构特点是什么？

表面式凝汽器的冷却工质与蒸汽被冷却表面隔开，互不接触。凝汽器的外壳通常为圆柱形或椭圆柱形，外壳两端连接着端盖，并在两侧形成水室。图 4－2 是表面式凝汽器的结构简图。端盖与外壳之间装有管板，众多的冷却水管就装在管板上。为了减弱管束因汽流冲击引起的振动和管子因热膨胀产生的热应力，凝汽器内部还装有若干块中间隔板，将管子稍向上抬起，挠曲成弧形。这样也有利于管子上的凝结水膜向两侧流动而落下。

9. 凝汽器为什么要开有抽气口？

凝汽器壳体的下侧开有抽气口，漏入凝汽器汽侧空间的空气通过这个管口被抽气器抽出，以维持凝汽器一定的真空。

10. 自动排汽门的作用是什么？

自动排汽门又叫自动排大气阀或大气安全阀，其作用是：凝汽器工作时，若凝汽设备的某一部分发生故障（如循环水泵停止工作、凝汽器铜管被大量堵塞或真空系统大量漏

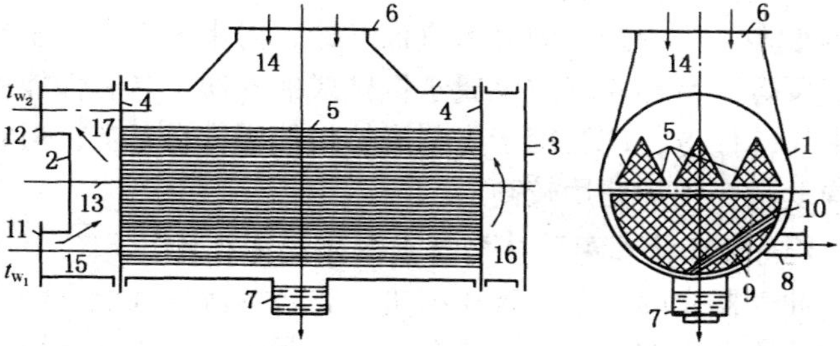

图4-2　表面式凝汽器简图

1—凝汽器外壳；2、3—水室的端盖；4—管板；5—冷却水管；6—排汽进口；7—热井；8—空气抽气口；9—空气冷却区；10—挡板；11—冷却水进口；12—冷却水出口；13—水室隔板；14—汽空间；15、16、17—水室

气等），就会使排入凝汽器中的蒸汽不能凝结，蒸汽聚集在凝汽器中，将使汽轮机排汽的压力和温度提高，以致严重地影响凝汽器和汽轮机的安全运行（因为这时会造成低压汽缸温度过高而变形；汽轮机后轴承受热，位置升高，使中心变化，加大了机组的振动；以及凝汽器外壳因压力过高而爆裂等）。为了防止山现上述情况，所以在凝汽器喉部接出一根支管，此管叫做向空排气管。在向空排气管上装有一个自动排汽门，当凝汽器内的压力稍高于大气压力时，自动排汽门会自动打开，将疑汽器中压力较高的蒸汽排至大气中。一般自动排汽门在凝汽器内压力升高到1.2～1.5大气压时动作。在汽轮机正常运行时，它应关闭严密，并用密封水封住。

11. 抽气器的作用是什么?

抽气器的作用是把由蒸汽带入的空气或由于处在真空系统下工作的设备、管道等结合不严密处漏入的空气从凝汽器中抽出，以保持凝汽器的高真空。

抽气器的工作正常与否对凝汽器压力的影响很大。抽气设备很多，应用较多的有射汽抽气器、射水抽气器和水环式真空泵等。水环式真空泵属于机械式抽气器，具有性能稳定效率高等优点，广泛用于大型汽轮机的凝汽设备上，但它的结构复杂，维护费用较高。

12. 射汽抽气器的结构特点和原理是什么?

抽气器实际上是一种压缩机，它将蒸汽空气混合物从抽气口的压力压缩到稍高于大气压力。图 4－3 是射汽抽气器示意图，它由三部分组成，工作喷嘴 A，混合室 B 和扩压管 C。工作蒸汽在喷嘴 A 中自工作压力 p_0 膨胀至混合室压力 p_1（p_1 应略低于凝汽器的压力），由于压降很大，喷嘴出口蒸汽的流速很高。混合室的压力又略低于抽气口的压力，因此，凝汽器中的蒸汽和空气的混合物被吸进混合室，被抽吸

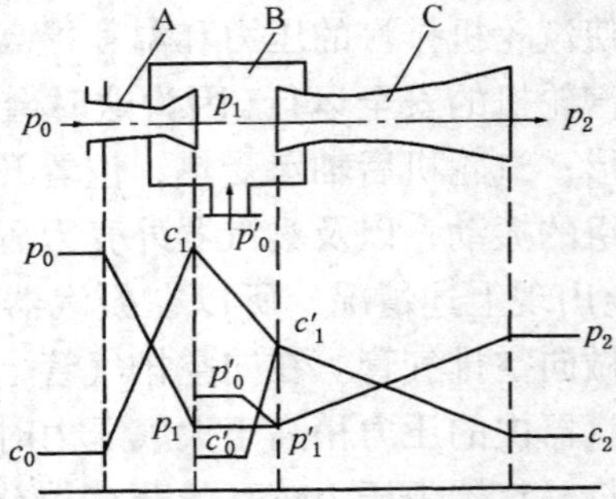

4－3　射汽抽气器示意图

A—工作喷嘴；B—混合室；C—扩压管

的混合物与喷嘴出口的工作汽流在混合室中混合，最后以c_1'的速度进入扩压管C。在扩压管中速度降低，压力升高，在扩压管出口处，混合物的压力稍高于大气压力，然后排入大气。

射汽抽气器具有结构紧凑，工作可靠，制造成本低等优点，且能在较短时间内（几分钟）建立所需要的真空，所以得到广泛应用。其缺点是消耗蒸汽量较多，效率较低。

13. 为什么要采用多级抽气器？

抽气器中的压缩过程是一绝热过程，混合物的温度在压缩过程中升高，使消耗的压缩功增加，即消耗的蒸汽量增多。提高其经济性的有效方法是采用带中间冷却的多级压缩。

在多级抽气器中，蒸汽空气混合物在中间冷却器冷却后，由于大部分蒸汽凝结，不仅容积减少，质量也显著减少，可以减少第二级抽气器的压缩功，减少耗汽量。而且可以利用蒸汽在冷却器中凝结放出的热量来加热主凝结水。一般经常工作的主抽气器采用两级的，大型装置也有采用三级的。

14. 启动抽气器与主抽气器有何差别？

启动抽气器的任务是在汽轮机启动前为凝汽器迅速建立真空，以缩短启动时间。启动抽气器的工作时间短，抽气量大，耗汽量大，因而都制成单级，不带冷却器，结构简单，工作时直接将全部蒸汽空气混合物排入大气，损失了工作蒸汽的热量和质量，所以一般只在启动前用来为凝汽器建立真空，当真空抽至一定数值后，就应投入主抽气器并停用启动抽气器。

主抽气器的任务是在汽轮机运行时，抽出凝汽器中的空气，以维持其正常真空。它一般做成多级，并且各级之间设有冷却器，可以回收工作蒸汽、热量和凝结水，因而具有较高的热经济性。

15. 射水抽气器的特点是什么？

射水抽气器的作用原理与射汽抽气器类似，但射水抽气器以高压水为工作介质。图 4－4 为射水抽气器结构示意图。由射水泵来的工作水，经喷嘴 3 将压力能转变为速度能，以一定速度喷出，使混合室 2 中形成高度真空，将凝汽器中的蒸汽、空气混合物吸入，混合后进入扩压管 1，经扩压后在略高于大气压力的情况排出。当水泵发生故障时，逆止门 4 自动关闭，以防止水和空气倒流入凝汽器。

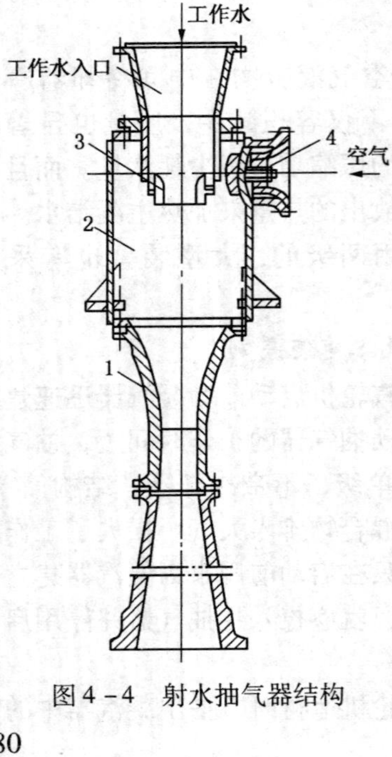

图 4－4　射水抽气器结构

因为水温通常低于被抽吸的混合物温度，两者混合时，部分蒸汽凝结下来，排入大气的混合物中，蒸汽含量较少。由于蒸汽凝结、空气被冷却以及混合物的动能损失变为热量，水温会上升，但因为水的质量流量比被抽吸的混合物的质量流量大得多，水的温升很小，因而可以认为是等温的，其能量消耗比射汽抽气器要小。射水抽气器同样具有结构简单，运行可靠的优点，而且不消耗新蒸汽，运行费用低。但需装设专用水泵，投资较大。

16. 给水回热级数和机组初参数有什么关系？

由工程热力学可知：回热循环可减小汽轮机的冷源损失，提高循环热效率，所以现代的汽轮机组都毫无例外地采用了给水回热加热循环。给水回热的终了温度和回热级数是影响机组经济性的重要问题，必须通过全面的技术经济比较后才能确定。一般经济上的最佳给水温度约等于锅炉压力下饱和温度的 0.65 ~ 0.75。一般机组的常用给水温度和回热级数见表 4 – 2。

表 4 – 2　一般机组常用给水温度和回热级数表

初参数		加热级数	给水温度/℃
压力/MPa(atm)	温度/℃		
1.27(13)	340	2	104
2.35(24)	390	3 ~ 4	150
3.43(35)	435	4 ~ 5	150 ~ 170
8.83(90)	535	6 ~ 7	210 ~ 230
12.7 ~ 13.2(130 ~ 135)	535/535	7 ~ 8	230 ~ 250
16.2(165)	537 ~ 565(517 ~ 565)	8 ~ 9	250 ~ 270
23.6(242)	537 ~ 565(537 ~ 565)	8 ~ 9	270 ~ 280

17. 回热加热器有何作用？有哪几种型式？

加热器的作用就是利用汽轮机做了一部分功的蒸汽来加热凝结水和给水，减少锅炉的燃料消耗量，以提高机组的热经济性。

加热器按汽、水传热方式的不同，可分为表面式和混合式两种型式。蒸汽与水直接接触混合，汽、水在直接接触混合过程中交换热量的加热器为混合式加热器。蒸汽和水分别在固体壁面的两侧流动，蒸汽与水间的热量交换通过固体壁面进行的加热器为表面式加热器。蒸汽动力装置热力系统中除了除氧器采用混合式加热器外，其他均为表面式加热器。

根据加热器在系统中的位置和压力不同，加热器又可分为高压加热器和低压加热器两类。在承受给水泵出口压力下工作，置于给水泵与锅炉之间的加热器称为高压加热器。在凝结水泵出口压力下工作，置于凝结水泵与除氧器之间的加热器称为低压加热器。

18. 混合式加热器有何特点？

混合式加热器是利用蒸汽与给水直接混合来加热给水的。在加热器内蒸汽和温度较低的给水接触，蒸汽放热凝结，将热量传给给水，使给水温度提高。因此混合式加热器的给水温度可以达到加热蒸汽压力下的饱和温度，没有传热端差，热经济性较高。所谓加热器的传热端差是指加热器压力下的饱和水温与加热器出水温度之差。加热器端差减小可使其后压力较高加热器的抽汽减少而本级加热器抽汽量增多，使蒸汽在汽轮机内多做功，提高经济性。

混合式加热器有金属耗量少、结构简单、造价低。其本身可靠性高，且便于汇集系统中不同参数的工质等优点。但其系统连接可靠性差，运行费用高。

19. 表面式加热器有何特点？

在表面式加热器中，冷、热工质通过金属壁面实现热量传递，冷、热工质不混合。由于金属热阻及传热温差的存在，一般不能将水加热到该级加热蒸汽压力下的饱和温度，即存在传热端差。因此，与混合式加热器相比，表面式加热器的热经济性通常较低，且金属消耗量大、结构复杂、造价高，需要增加与其配合的疏水设备等。但由于其组成的回热系统简单、运行灵活可靠等，表面式加热器被广泛使用。

在表面式加热器中，根据低温工质（水）侧承受压力的高低，有低压加热器和高压加热器两种。其中高压加热器是指位于给水泵与锅炉省煤器之间的表面式加热器，因水侧承受的压力高而得名。

表面式加热器按结构有立式和卧式两种。卧式加热器中蒸汽放热凝结在换热管壁上形成的水膜较立式的薄些，故在凝结工况相同时，其对流传热系数约是立式的1.7倍，且便于布置蒸汽冷却段和疏水冷却段，所以一般大容量机组的低压和部分高压加热器多采用卧式。立式加热器检修方便，且占地面积小，但热经济性较差，为中、小型机组和部分大机组采用。

20. 立式加热器有何结构特点？

图4-5为法兰连接的管板式立式加热器。水室1用隔板分成进、出两个水室。加热器的受热面是由铜管或钢管胀接在管板5上的U形管束6组成。管束用专门的支架7加以固定，为了便于加热器换热面的清洗和检修，整个管束制成一个整体，便于从外壳中抽出。被加热的水由进水管16引入进水室，经管板流入管束，然后从U形管束的另一端流到出水室，经出水管17流出。加热蒸汽由进汽管14引入加热器的汽侧空间，借导流板8的作用，使汽流成S形流动，反复横向冲刷管束外壁并放热凝结。在加热蒸汽进口处的管束外侧装有护板15，以减轻汽流对管束的直接冲刷。加热器汽侧下部有一定的容水空间，用来汇集加热蒸汽的凝结水——疏水，疏水经自动疏水器排出。汽侧不凝结的空气由布置在加热面尾部的抽空气管排出。

该加热器的管板与水室采用法兰螺栓连接，一般适用于水侧压力不超过7.0MPa的低压加热器。加热器管子与管板的固定方法，一般高压以下机组的高、低压加热器均采用胀管法连接；超高压以上机组的高压加热器，由于水侧压力高

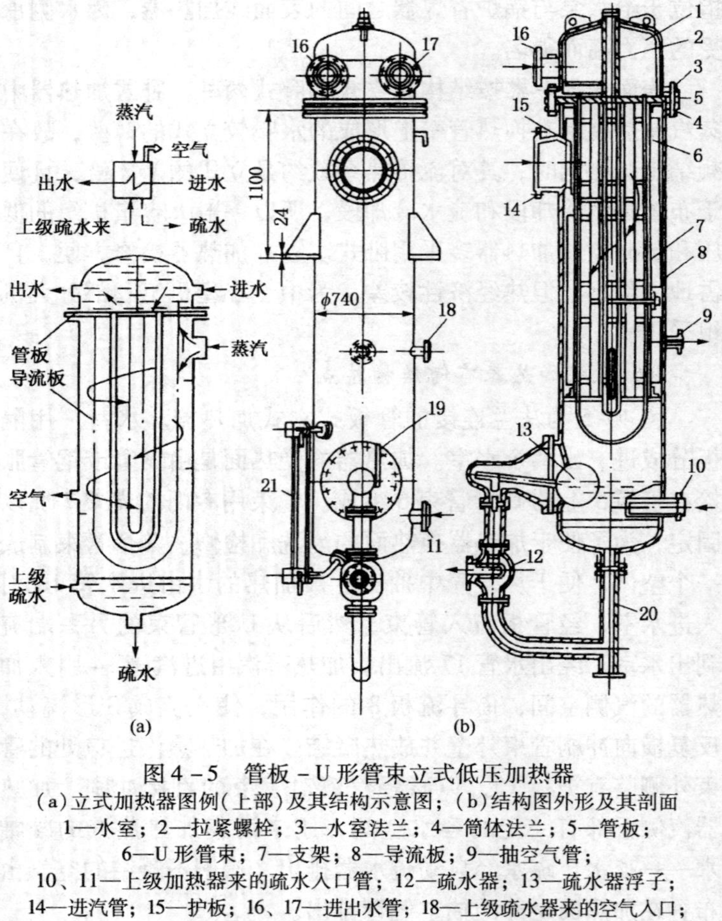

图4-5　管板-U形管束立式低压加热器

(a)立式加热器图例(上部)及其结构示意图；(b)结构图外形及其剖面
1—水室；2—拉紧螺栓；3—水室法兰；4—筒体法兰；5—管板；
6—U形管束；7—支架；8—导流板；9—抽空气管；
10、11—上级加热器来的疏水入口管；12—疏水器；13—疏水器浮子；
14—进汽管；15—护板；16、17—进出水管；18—上级疏水器来的空气入口；
19—手柄；20—排疏水管；21—水位计

达 18.0MPa 以上，管板很厚，管子胀口与管板的严密性很难保证，因此采用胀管加焊接的连接方法。

21. 卧式加热器有何结构特点?

图4－6 为国产引进型 300MW、600MW 机组配用的卧式高压加热器结构示意图。该加热器水室与管板直接焊接，为过热—凝结—疏冷三段传热式加热器。蒸汽进入过热蒸汽冷却段包壳，经导流板多次导流转弯至凝结段，在凝结段从上往下流动。疏水汇聚于壳体下部形成水位，然后经过吸水口从下向上进入虹吸式疏水冷却段，经折流板导向转弯流动，被冷却成过冷疏水而流出。

22. 什么是“排挤”抽汽?

表面式加热器疏水的连接方式不同，疏水热量的利用不同，所以不同连接方式的热经济性是不同的。为了便于定性分析不同疏水连接方式对热经济性的影响，这里引入一个“排挤”抽汽的概念。当某加热器从外界获得热量 q 时，本级的回热抽汽量将减小，减小的这部分抽汽称为“排挤”抽汽。被“排挤”的蒸汽返回汽轮机中从该级至排汽口所做的功，便是热量 q 引入系统后所获得的收益。显然，同一热量 q 所排挤的抽汽压力越高，排挤抽汽返回汽轮机中所做的功越多，收益越大。在分析不同疏水方式的热经济性时，可把疏水对系统的放热看成是热量在不同加热器上的利用。这样，疏水引入点所排挤的抽汽压力越低，热经济性就越差。

23. 表面加热器的疏水有哪几种连接方式?

疏水的收集连接方式有两种：逐级自流和采用疏水泵汇入水侧。

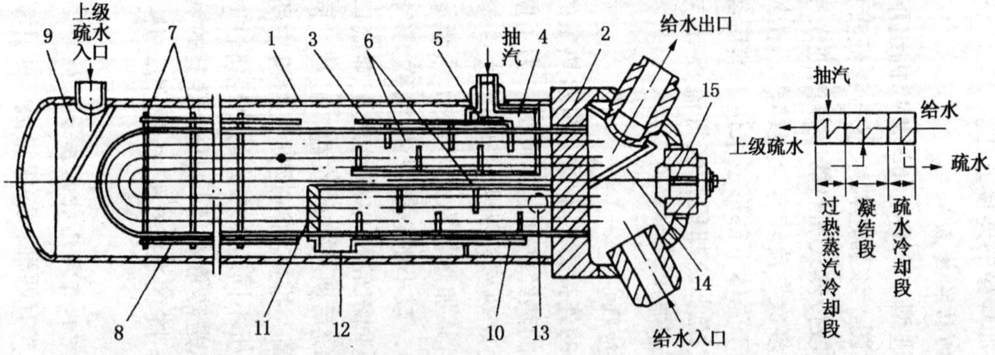

图 4-6　管板－U 形管束卧式高压加热器

1—筒体；2—管板；3—过热段包壳；4—过热段外包壳；5—不锈钢防冲板；
6—导流板；7—支撑板；8—拉杆；9—防冲板；10—疏水段包壳；
11—疏水段端板；12—疏水段入口；13—疏水出口；
14—水室分隔板；15—人孔

图 4 -7 为疏水逐级自流的连接方式示意图。它是利用各加热器间的压力差，让疏水逐级自流入压力较低的邻近加热器中，最后一级加热器的疏水则自流入除氧器或凝汽器。这种系统不用疏水泵，系统简单，运行可靠，维护方便。但这种连接方式的疏水放热排挤了压力较低的回热抽汽，同时由于疏水最后送入凝汽器中也直接导致了冷源损失的增加，故热经济性较差。

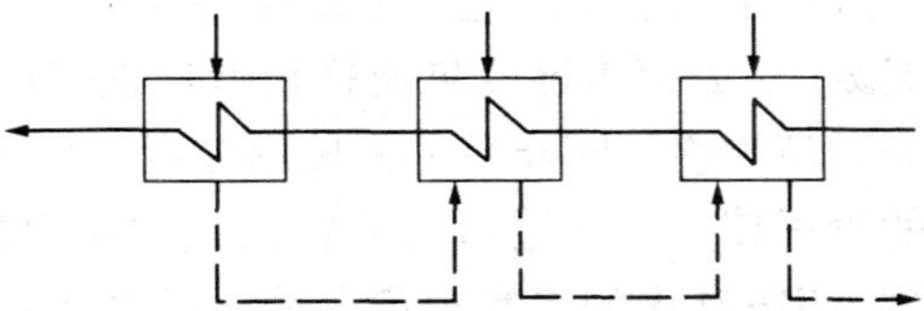

图 4 -7　疏水逐级自流的连接系统

若要将疏水直接送入主凝结水管道，必须使用疏水泵，称为采用疏水泵的连接系统，如图 4 -8 所示。因为主凝结水管路中的压力总比疏水压力高，用疏水泵可将疏水送入本级加热器的出口，也可送到本级加热器的入口。若将疏水送至本级入口，疏水放热排挤的是本级抽汽；而将疏水送入本级出口，疏水放热排挤的是高一级抽汽，故后者经济性高于前者。理论计算及实践均证明，采用疏水泵将疏水送到加热器出口的连接方式，其热经济性仅次于混合式加热器系统。

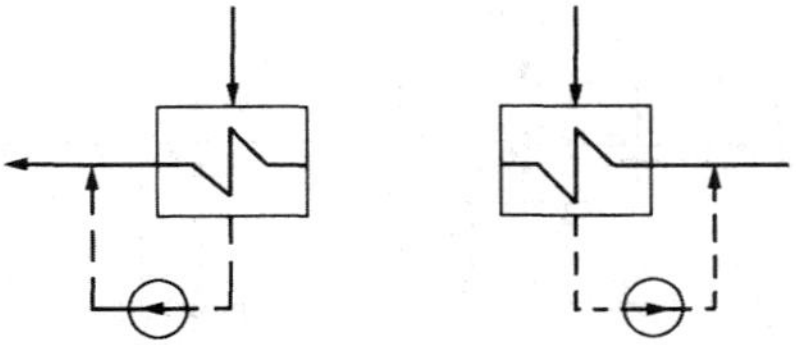

(a)　　(b)

图 4 -8　采用疏水泵的连接系统

采用疏水泵的系统热经济性虽然较高，但这种连接方式使系统复杂，投资也相应提高，还额外消耗了厂用电，检修维护费用也较高，且运行可靠性不如疏水自流系统。因此，实际热力系统中的表面式加热器并不全都采用疏水泵连接方式，疏水泵通常仅用在疏水量较大的末几级低压加热器上。

24. 疏水冷却器的作用是什么？

疏水冷却器的使用可以降低疏水温度，从而使疏水热量在本级得到进一步的利用，它使系统经济性得到改善的原因在于：(1)减少了因疏水逐级自流排挤低压抽汽所引起的附加冷源损失。与为达到同样目的而使用疏水泵相比较，水一水换热器的投资较少，而运行可靠性较高，不消耗厂用电。(2)提高了本级凝结水的进水温度，减小了本级加热器的传热温差，提高了本级抽汽做功能力的可用程度。

疏水冷却器在结构上有内置式与外置式两种形式。其热力作用在本质上是相同的，分别见图 4－9 和图 4－10。

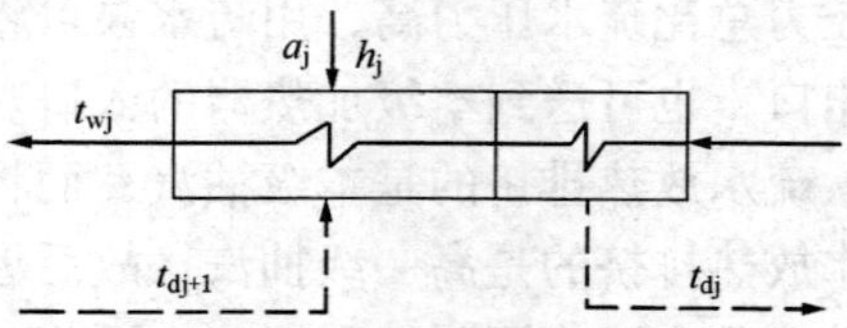

图 4－9　内置式疏水冷却器

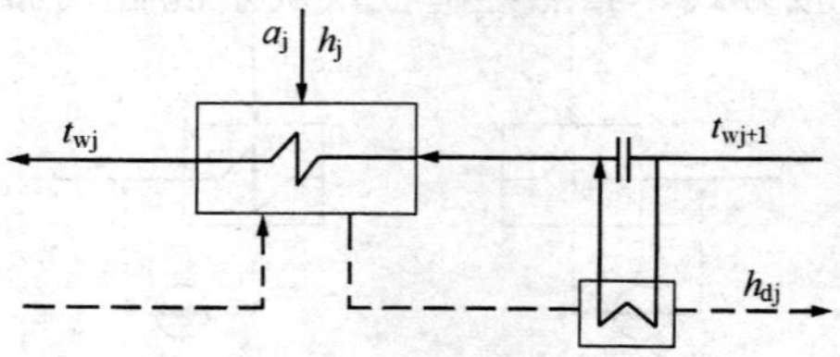

图 4－10　外置式疏水冷却器

25. 蒸汽冷却器的作用是什么?

使用蒸汽冷却器的目的是，利用抽汽过热度，实现跨级换热，充分利用抽汽热量；降低本级加热器的传热温差，降低抽汽的做功能力损失。

蒸汽冷却器有内置式与外置式之分，如图 4－11 和图 4－12所示。其中外置式蒸汽冷却器因其构成系统较为灵活，过热度的利用更加有效，因而得到人们的广泛重视。外置式蒸汽冷却器的连接形式中，常见的有串联连接和并联连接。

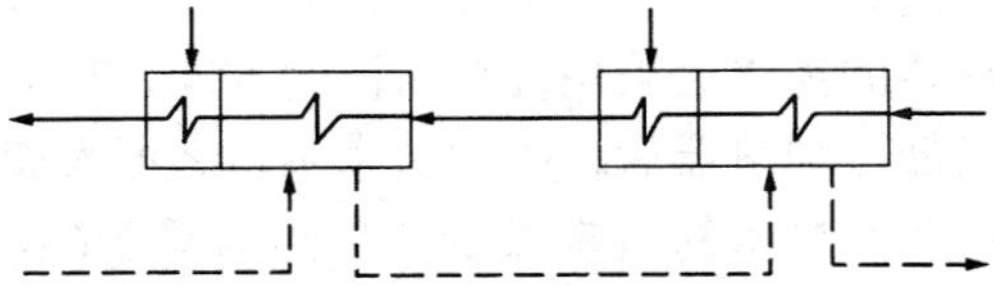

图 4－11　内置式蒸汽冷却器

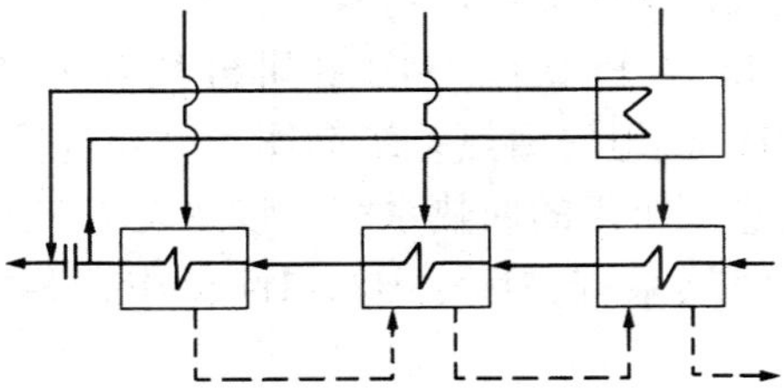

图 4－12　外置串联式蒸汽冷却器

在内置式蒸汽冷却器中，抽汽过热度的利用仅限于降低本级加热器的传热端差，提高加热器出水温度，经济性大约提高 0.15% ~0.2% 。相对而言，外置式蒸冷器不仅连接系统多样，还可造成过热度的跨级利用，因此经济性较内置式好，当然代价是系统复杂程度提高。其中，又以串联式蒸汽冷却器的运行更加可靠。

26. 实际机组的回热系统举例。

回热系统的连接方式虽然很多，但各有特点，在实际系统设计时，首先考虑的是安全性、可靠性，力求系统简单。在保证安全的前提下，再考虑具有较高的经济性。

混合式与带疏水泵式的加热器，虽然经济性较高，但其所构成的系统在运行中可靠性较差，故单独由它们构成的系统几乎没有先例。

实际机组的回热系统，一般只用一个混合式加热器作除氧器用，表面式高压加热器的疏水逐级自流至除氧器，表面式低压加热器的疏水也采用逐级自流的方式，只有当疏水自流至最末级低压加热器后，才用疏水泵将之汇入加热器出口管道中。有些大机组的最末级低压加热器置于凝汽器喉部，这时，低压加热器组的疏水将逐级自流至次末级，再由疏水泵将疏水汇入该加热器出口主凝结水中。

图 4 - 13 为超高压一次中间再热（12. 75MPa、535/535℃）200MW 机组的回热系统简图，是经过优化设计的三缸两排汽改进型机组的回热系统。该系统为“三高四低一除氧”的八级回热系统，H1、H2、H5 配有内置式蒸汽冷却

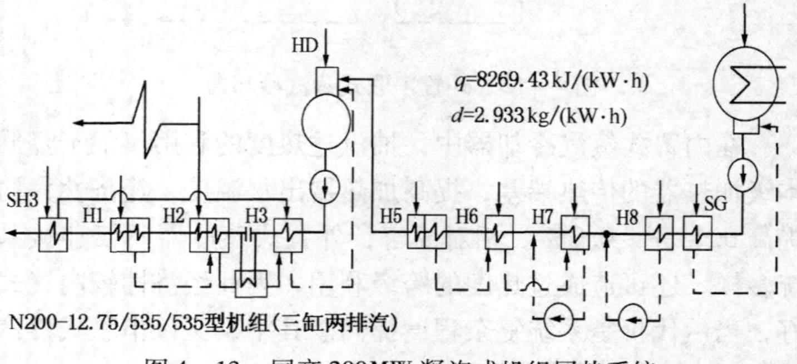

图 4 - 13　国产 200MW 凝汽式机组回热系统

器，H2 还配有外置式疏水冷却器，H3 的抽汽属中缸第一段抽汽，蒸汽过热度很高，采用外置并联式蒸汽冷却器 SH3，可将给水温度由 240℃提高到 243.4℃。高压加热器组疏水逐级自流至除氧器 HD，低压加热器组疏水逐级自流至 H7 后由疏水泵打入 H7 出口，末级低加疏水也由疏水泵打出，轴加 SG 疏水自流至凝汽器热井。

27. 给水除氧的任务是什么？

溶解于给水系统中的气体，或是由补充水带入，或是由系统中处于真空状态下的设备（如凝汽器、部分低压加热器及管道附件等）的不严密处漏入的。当水和气体接触时，总有一部分会溶于水中。给水溶解气体中危害最大的是氧气，它会腐蚀热力设备及汽水管道，影响其可靠性和寿命；水中的二氧化碳会加速氧的腐蚀。而所有不凝结气体在换热设备中均会使热阻增加、传热效果恶化，从而导致机组热经济性下降。所以要求给水除氧并保持一定的 pH 值。

给水除氧的任务是：不断除去溶解于给水中的气体，以保证热力设备能安全经济地运行。我国《电力工业技术管理法规》规定，给水含氧量控制指标为：

对工作压力为 5.88MPa（60ata）及以下锅炉，给水含氧量应小于 15μg/L；

对工作压力为 5.98MPa（61ata）及以上锅炉，给水含氧量应小于 7μg/L；

对于亚临界和超临界参数的直流锅炉，由于没有排污，故要求给水彻底除氧。

28. 给水除氧的方法有哪些？

给水除氧的方法有化学法和物理法两种。

化学除氧是利用易与氧发生化学反应的药剂，如联胺

N_2H_4，使之与水中溶氧化合而达到除氧的目的。过去曾使用过亚硫酸钠 Na_2SO_4，但因其产生的氧化物增加了给水中可溶性盐类含量而被淘汰。联胺既可以除氧又能转化成氨水，提高给水的 pH 值，故可在省煤器管道内壁形成一层保护膜。联胺的加入地点一般选在热力除氧器出口。但联胺有致癌性，其应用受到限制。最近国内研制开发出新的化学除氧剂复合乙醛肟等，深度除氧效果明显优于联胺，目前已在大型机组上推广应用。

化学除氧能彻底除去水中溶氧，但不能除去其他气体，且价格昂贵，故此法只能作为要求彻底除氧的机组的辅助除氧手段。

物理除氧即热力除氧，它不仅能除氧还能除去其他气体，并且无任何残留物质。热力除氧的设备即除氧器，它本身是回热系统的一级加热器，故运行中几乎不需为除氧增加任何额外的投入。因此，热力发电厂中毫无例外地采用了热力除氧法。

29. 除氧器的作用是什么？

给水中溶解的气体，由于不凝结，在热交换设备中，会附在管子表面形成气膜，影响传热。更为严重的是其中一些活性强的气体，如氧气及二氧化碳，在温度较高的情况下可直接与金属发生化学反应，使设备的金属表面遭受腐蚀。在这些活性气体中腐蚀性最强的是氧气。因此，给水在进入锅炉前，必须除去其中的溶解氧。除氧器就是用来除去锅炉给水中溶解氧及其他气体的重要设备。搞好锅炉给水除氧，防止热力设备腐蚀，对保证蒸汽动力装置的安全运行十分重要。同时，除氧器又是回热系统中的一个混合式加热器，它还能把高压加热器的疏水及其他各处合格的疏水（例如排污扩容器的疏水)、锅炉排污中的蒸汽等汇集起来加以利用,减少汽、水损失。

30. 除氧器分哪几类? 其工作原理是什么?

除氧器的分类方法很多,一般根据它的工作压力大小可分为真空式、大气式和高压式除氧器三种。中参数机组一般采用大气式除氧器,其工作压力为0.12~0.15MPa;高参数机组通常都采用0.6MPa的高压除氧器。根据水在除氧器中散布方式的不同,其结构可分成三种类型:淋水盘式、喷雾式和填料式除氧器。一般淋水盘式除氧器属于大气式,而高压除氧器多制成喷雾或填料式除氧器。

除氧器的基本工作原理是热力除氧,它不但能除掉氧气,也能除掉水中的其他气体。热力除氧,就是在除氧器内将水加热以除去溶解在水中的气体,因为水在加热时水蒸气的分压逐渐开高,其他气体的分压就会大大降低,当水加热到沸点时,水蒸气的分压力就会接近100%,则其他气体的分压力就接近零,于是这些溶解于水中的气体就从水中逸出。

31. 除氧器为什么要高位布置?

为了保证处在高温下的给水泵入口不发生汽化,要求除氧器的放置要有一定的高度。采用定压运行的除氧器,一般放置在标高14m的高度即可。采用滑压运行的除氧器,除氧器的放置要高一些(如有的高22m),以防止低负荷运行时,除氧器压力降低使给水泵发生汽化。

32. 什么是旁路系统?

大容量中间再热机组都采用单元制系统,锅炉或汽轮机发生故障时,机炉必须同时停止运行。为了便于机组启、停、事故处理和适应某些特殊运行方式,绝大多数再热机组都设置了旁路系统。所谓旁路系统是指高参数蒸汽不进入汽缸的通流部分做功，而是经过与该汽缸并联的减温减压器，将降压减温后的蒸汽送至低一级参数的蒸汽管道或凝汽器去的连接系统。实际上，旁路系统是单元机组在启动和事故情况下起调节和保护作用的一种系统。

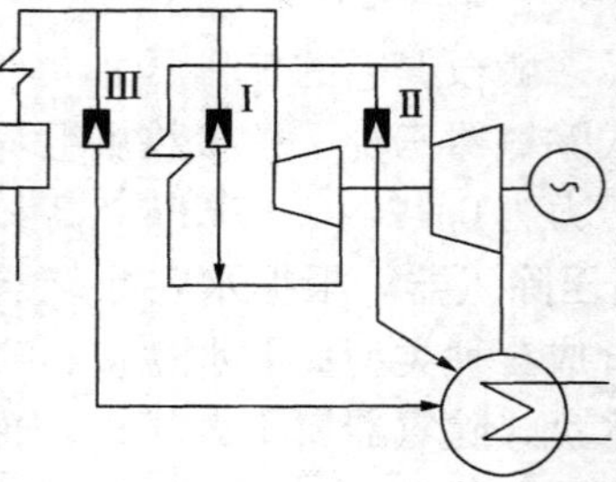

图 4-14　再热式机组的旁路系统

Ⅰ—高压旁路；Ⅱ—低压旁路；Ⅲ—整机旁路

如图 4-14 所示，新蒸汽不进入汽轮机高压缸，而是经压减温后直接进入再热器冷段的系统，称为高压旁路(或Ⅰ级旁路)。再热器出来的蒸汽不进入汽轮机的中低压缸，而是经降压减温后直接排入凝汽器的，称为低压旁路(或Ⅱ级旁路)。新蒸汽不流经整个汽轮机，却经降压减温后直接排入凝汽器的，称为整机旁路(或Ⅲ级大旁路)。它们可以组合成不同的旁路系统。直流锅炉的旁路系统，还包括启动分离系统。

33. 旁路系统有什么作用?

根据不同机组的设计要求和运行特点，旁路系统的作用各不相同，但其主要作用可归纳如下:

(1) 保证锅炉最小负荷的蒸发量。在机组启停和甩负荷时，由于汽轮机耗汽量只是额定耗汽量的 5% ~8%，而锅炉满足水动力循环可靠性及燃烧稳定性要求的最低负荷一般是额定蒸发量的 30% 左右，设置旁路系统可使锅炉和汽轮机独立运行。

(2) 保护再热器。在汽轮机启动和甩负荷情况下，经旁路系统把新蒸汽减温减压后送入再热器，防止再热器干烧，保护再热器。

（3）加快启动速度，改善启动条件。通过旁路系统可在汽轮机冲转前维持主蒸汽和再热蒸汽参数达到一个预定的水平，以满足各种启动方式的需要；在汽轮机不同状态的启动过程中，旁路系统可调节汽轮机进汽参数，以适应汽轮机的需要。例如，机组在热态启动时，利用旁路系统可以方便地提高主蒸汽、再热蒸汽温度，使蒸汽参数与汽缸金属温度相匹配，从而提高机组运行的安全性和灵活性。

（4）锅炉安全阀作用。机组甩负荷或锅炉超压时，旁路快速打开，排出锅炉内蒸汽防止锅炉超压。

（5）回收工质和部分热量，减小排汽噪声。

（6）保证蒸汽品质。在汽轮机冲转前建立一个汽水循环清洗系统，待蒸汽品质合格后，方可进入汽轮机，以免汽轮机受到损害。

综上所述，旁路系统不但能够改善机组的安全性能，而且能够保证机组启停的灵活性和运行的稳定性。例如在负荷瞬变时，旁路系统可以处理过渡工况剩余的蒸汽量；在汽轮发电机甩负荷时，锅炉可以维持运行，以便故障排除后立即向汽轮机送汽，恢复向电网供电；在电网故障时，可以维持汽轮发电机带厂用电运行。这样不仅提高了机组的可用率，而且也提高了电网的稳定性。

34. 供水系统有什么作用？

要保证汽轮机组的正常运转，必须不间断地向机组供给相当数量的水。这些水用于凝汽器、冷油器、发电机空气冷却器，以及供转动机械轴承冷却的工业水、锅炉补充水、生活消防用水等。其中用水量最大的是凝汽器的循环水，例如：容量为1500kW 的发电厂，每小时需水量为530t，其中凝汽器循环水约占500t。

35. 对供水系统有哪些要求？

供水系统的安全、经济运行，对保证机组安全运行有着决定性的意义，为此，供水系统必须满足下列要求：

（1）必须保证，在全年的任何时间内都有充足的水量；

（2）在夏季时，进入凝汽器的水温不能高于33℃，汽轮机真空不能有显著降低；

（3）水中没有漂浮物和泥沙，水中溶解的盐量不能太大；

（4）供水建筑物的投资要小，运行费用要低。

36. 循环水系统由哪些主要设备组成？

凝汽器、冷油器以及发电机的氢气、空气冷却器等其他设备都必须不断地通入冷却水，以保证机组的正常运行。输送冷却水管道、循环水泵、吸水井、排水管及冷却水塔(或冷却水池)等组成了循环水系统，又称冷却水系统。

第五章 汽轮机的调节系统及保护装置

1. 汽轮机调节系统的任务是什么？

汽轮机多数用于驱动发电机生产电能，为了保证供电的质量和机组的安全，汽轮机都装有调节系统。其任务是在外界负荷与机组功率相适应时，保持机组稳定运行；当外界负荷变化，机组转速发生变化时，调节系统能相应地改变汽轮机的功率，使之与外界负荷适应，建立新的平衡，并保持转速的偏差不超过规定的范围。

对用来驱动泵或压缩机等机械的工业汽轮机，工艺过程对泵或压缩机的工作状况有一定的要求，因而对汽轮机的工作状况也有一定的要求。一般驱动泵或压缩机的汽轮机负荷变化时，机组的转速在较大的范围内变化。在外界负荷变化时，为保持机组的转速在一定范围内变化，要相应地开大或关小进汽阀门，使进入汽轮机的流量与负荷相适应。在现代汽轮机中，靠调节系统自动完成这一任务。

2. 什么是直接调节？

直接调节是最简单的调节系统。它以机组的转速变化直接改变进汽量的大小。

图 5－1 是一个最简单的调节系统。

离心式调速器 1 的滑套 5 通过杠杆与调节汽阀 2 连接，调速器通过传动齿轮 4 由汽轮机的主轴直接带动。当汽轮机的负荷降低而进汽量不变时，机组的转速就会升高，调速器

飞球因离心力增大而张开，使滑套 5 上移，通过杠杆 AB 的传动，使调节汽阀 2 关小，进汽量减小，汽轮机的输出功率

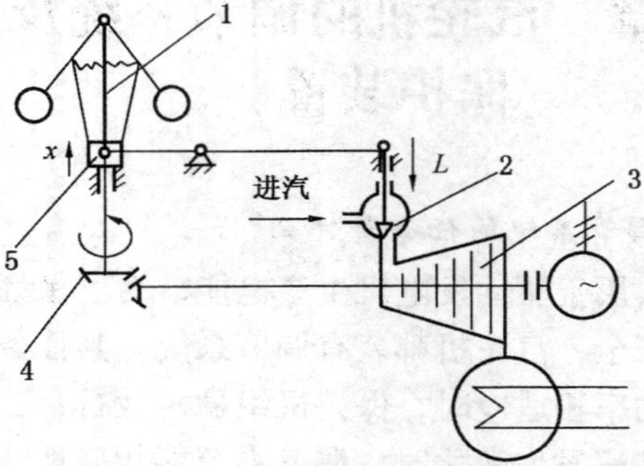

(a) 直接调节系统

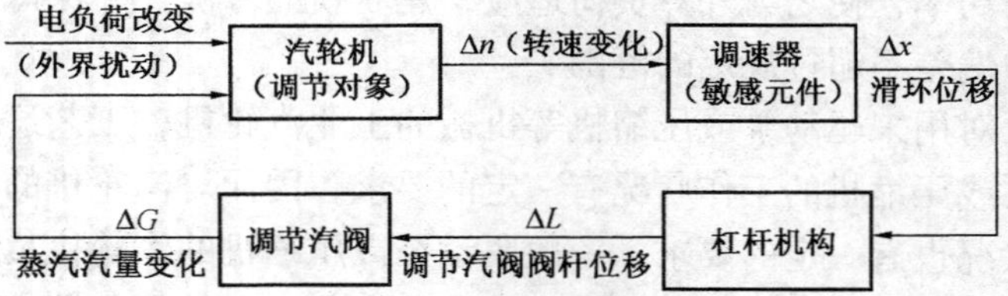

(b)直接调节系统方框图

图 5－1　直接调节系统及方框图

1—离心调速器；2—调节汽阀；3—汽轮机；4—传动齿轮；5—滑套

减小，机组转速降低，达到新的稳定。外界负荷增加时，调节过程则相反。此调节系统是机械式的，调速器通过杠杆直接改变调节汽阀的开度，称为直接调节。由于调速器滑套的提升力很小，在较大的汽轮机中，调速器无法直接带动调节汽阀，所以这种调节系统目前几乎不用。

3. 什么是间接调节？半液压式调节系统的特点是什么？

由于机械调速器滑套的提升力很小，不能直接带动较大的调节汽阀，因此需要在调速器与调节汽阀之间增加中间放大机构，将调速器的工作能力放大，使其能够操作较大的调节汽阀，这种具有中间放大机构的调节系统称为间接调节系统。

图 5-2 是一种间接调节系统，由于放大机构是液压式，调速器是机械式的，所以又称为半液压式调节系统。

该系统的感受件是离心式调速器，由两个绕调速器轴旋转的飞球和主弹簧组成。它通过减速齿轮或蜗轮蜗杆由汽轮机主轴带动。汽轮机转动时，调速器一起转动，调速器飞球的位置决定于离心力的大小(弹簧力不变时)。当汽轮机的转速改变时，飞球的位置随之变化，并作用在滑套 2 上，引起滑套位移。调节汽阀 3 由油动机(又称伺服机)的活塞带动，而油动机的活塞是靠压力油控制的。当汽轮机在某一负荷下稳定运转时，调速器滑套固定在一定位置，使错油门的滑阀正好关闭通往油动机的压力油，油动机活塞不发生位移。

若汽轮机的负荷降低，进汽量不变时汽轮机的转速就会增加，调速器的飞球张开，滑套随之向上移动，此时，杠杆 AC 以 C 为瞬时支点带动 B 点上移，错油门滑阀随之上移，使高压油进入油动机活塞的上方，在油压的作用下，油动机活塞下移，关小调节汽阀，汽轮机的功率因进汽量减小而减小。油动机活塞下移的同时，杠杆 AC 又以 A 为暂时支点，带动 B 点下移，使错油门滑阀下移到原来的中间位置，重新切断了通往油动机的油路，油动机活塞和调节汽阀就停止下移，汽轮机重又稳定工作。

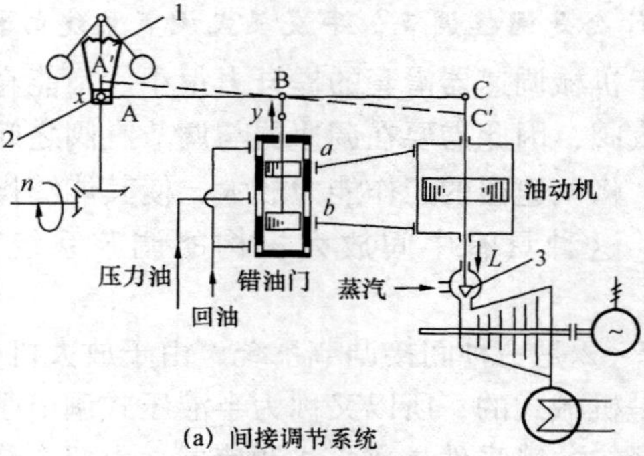

(a) 间接调节系统

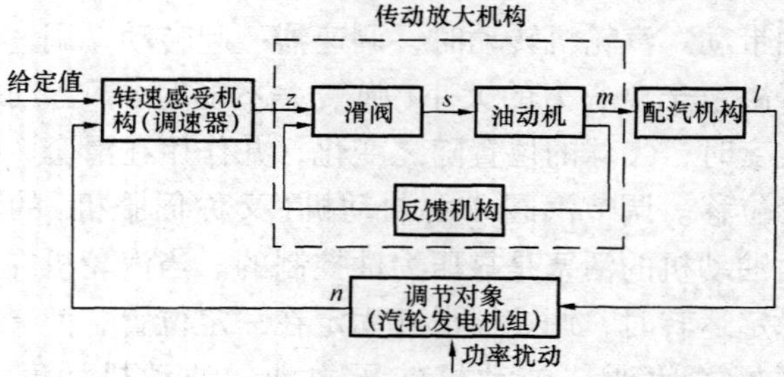

(b) 间接调节系统方框图

图 5－2 间接调节系统及方框图

1—离心调速器；2—滑套；3—调节汽阀；BC—反馈杠杆

汽轮机的负荷增加时，调节系统的动作过程与上述相反。

4. 全液压式调节系统的组成及调节原理是什么？

图 5－3 所示的径向泵液压调节系统就是全液压调节系统的一种。其系统由径向钻孔离心泵 1、压力变换器 2、错油门滑阀 3、油动机 4 及调节汽阀 6 等主要部件组成。

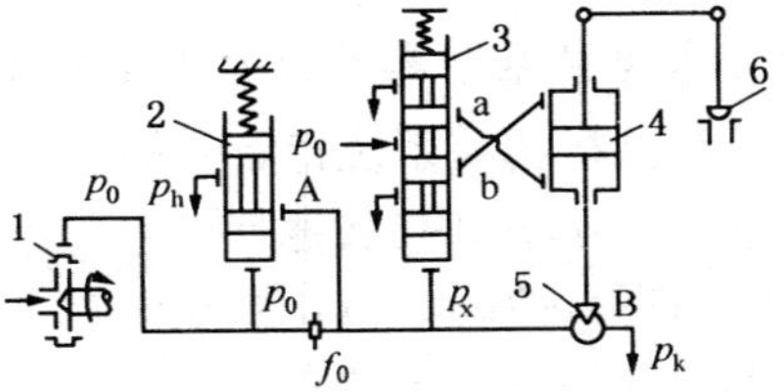

图 5－3　径向泵液压调节系统

1—径向泵；2—压力变换器；3—错油门滑阀；

4—油动机；5—反馈油口；6—调节阀

根据离心泵的工作原理，出口油压与转速的平方成正比。当负荷减小而引起汽轮机转速升高时，径向泵的出口油压也升高。额定转速时，作用在压力变换器 2 底部的油压 p_0 与顶部的弹簧力相平衡。当油压 p_0 升高时，压力变换器力平衡被破坏，活塞向上移动，关小油口 A。径向泵出口压力油经节流孔板 f_0 减压后作为控制油压 p_x，p_x 通往错油门滑阀 3 底部，并从压力变换器活塞所控制的油口 A 和油动机活塞所控制的反馈油口 B 泄掉。当压力变换器活塞上移关小油口 A 时，控制油压 p_x 上升。滑阀 3 的平衡被破坏，滑阀 3 向上移动，打开油口 a 和 b。这样，压力油经过油口 a 进入油动机活塞下油室，而上油室则与排油相通，油动机活塞在压力差作用下向上移动关小调节阀。在油动机活塞上移的同时，开大了反馈油口 B，使控制油压 p_x 下降。p_x 下降以后，滑阀开始向下移，当达到稳定时，p_x 恢复到原来数值，滑阀回到中间平衡位置。油口 a 和 b 重新关闭，油动机停止动作。

当负荷增加使汽轮机转速下降时，其调节过程相同而动作方向相反。

5. 什么是调节系统的静态特性和速度变动率?

所谓静态，就是指调节系统稳定时的状态。静态特性就是调节系统稳定时，功率 P 与转速 n 的对应关系。

调节系统的静态特性由下列几部分组成:

(1) 调速器特性——一定的转速对应一定的滑套位移。$x=f_1(n)$;

(2) 放大器特性——一定的调速器滑套位移对应一定的油动机活塞行程。$Z=f_2(x)$;

(3) 执行机构特性——一定的油动机活塞行程，也即调节汽阀开度对应一定的功率。$P=f_3(Z)$。

将上述三个曲线合并可静态特性——汽轮机的功率与转速的关系: $P=f(n)$，如图 5-4 所示。

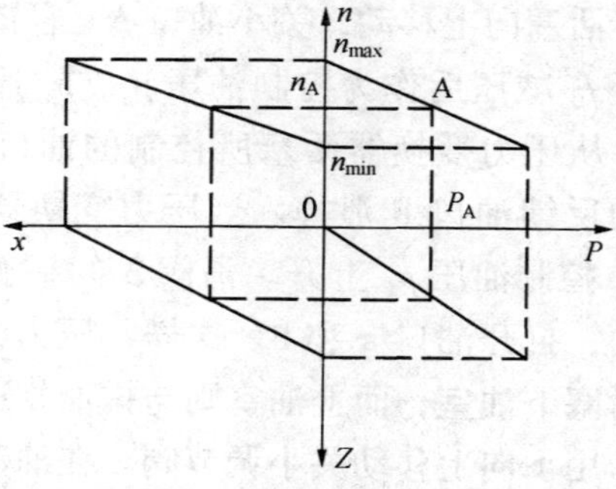

图 5-4 调节系统静态特性

由于汽轮机的调节系统都是按转速偏差进行调节的，因此只要机组的转速不发生变化，调节系统就不会动作，调节汽阀的位置也就不会有任何改变。静态特性表示了汽轮机调节系统在稳定工况下的工作特性。一台运行着的机组，其静态特性线与工作转速的交点就是它的静态工作点（图 5－4 中的 A 点）。

上述这种调节系统不能保证机组转速恒定不变，只能限制转速在一定范围内变动。由图 5－4 知，当机组空载（$P=0$）时，其稳定转速为 n_{max}；机组满负荷时，其稳定转速为 n_{min}。在稳定状态下，汽轮机空载与满载时的转速差（$n_{max}-n_{min}$）与额定转速 n_0 之比，称为调节系统的速度变动率 δ，即

$$\delta = \frac{n_{max} - n_{min}}{n_0} \times 100\%$$

一般要求机组的速度变动率在 4%～6% 范围内。

6. 同步器的作用是什么？

同步器的作用是：

（1）在单机运行时，操作同步器可以调整机组的转速，从而保持供电频率的稳定；

（2）在机组并列运行时，操作同步器可以改变电网中各台机组的负荷分配以及调整电网的频率。

（3）启动机组时，同步器可用来调整机组的转速，使之与电网频率同步而并入电网。

7. 液压式调速器的工作原理是什么？

液压式调速器将汽轮机转速的变化转换成油压的变化。其工作原理可用图 5－5 来说明。

假定轮盘油室 B 为大气压，则径向孔中的油柱在旋转时，离心力在油室 A 中所产生的油压 p_1 为

$$p_1 = \rho(R_1 - R_2)A\frac{R_1 + R_2}{2}\frac{\omega^2}{A}$$

$$=\frac{1}{2}\rho(R_1^2-R_2^2)\omega^2$$

$$=b\omega^2$$

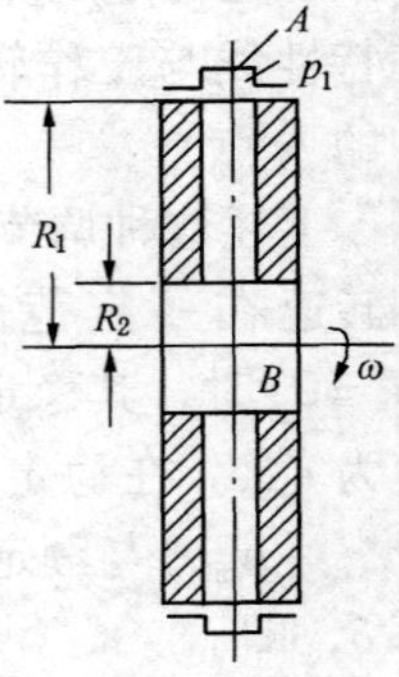

图 5-5　液压调速器原理图

式中　A——径向孔截面积；

ρ——油的密度；

R_1、R_2——径向孔外缘和内缘的半径；

ω——角速度；

b——常数，$b=\frac{1}{2}\rho(R_1^2-R_2^2)$。

当轮盘转速增加 $\Delta\omega$ 时，油压相应增加 Δp_1，则

$$p_1+\Delta p_1=b(\omega+\Delta\omega)^2=b\omega^2+2b\omega\Delta\omega+b\Delta\omega^2$$

由于汽轮机转速很高，而转速的变化并不大，所以可略去 $\Delta\omega^2$，则得

$$\Delta p_1=2b\omega\Delta\omega$$

若以相对值表示，则有

$$\frac{\Delta p_1}{p_1}=\frac{2b\omega\Delta\omega}{b\omega^2}=2\frac{\Delta\omega}{\omega}$$

由此可见，汽轮机在稳定工作时，其转速变化与油压变化成正比关系。因此，通过液压调速器可将汽轮机转速的变化变换成油压的变化，这个直接反映转速大小的油压称为一次油压。因此，液压调速器将汽轮机转速的变化转换成一次油压的变化，以此作为调节信号。

8. 液压式传动放大机构的结构特点与工作原理是什么?

液压式调速器在转速变化时形成的一次油压变化是很小的，还需放大。通常利用压力变换器作为第一级放大，错油

门作为第二级放大。

(1) 压力变换器

压力变换器为第一级脉冲放大装置，其作用原理如图5－6所示。液压调速器来的一次脉冲油压 p_1 作用在压力变换器活塞底部，并与上部弹簧力相平衡。当一次脉冲油压变化，活塞产生位移，改变了二次脉冲油压的泄油口的开度大小，从而使二次脉冲油压 p_2 发生变化，起到将信号的幅度加以放大的作用。以上海汽轮机厂生产的压力变换器为例，可将一次油压变化信号放大五倍。

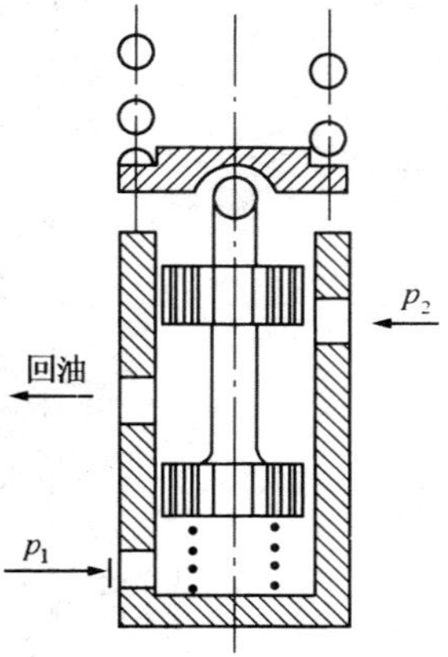

图5－6　压力变换器

(2) 断流式错油门

在全液压式调节系统中，断流式错油门为第二级脉冲放大装置，其结构如图5－7所示。主要零件有：滑阀2、套筒3和弹簧4等。滑阀的上部有弹簧4，下部与压力变换器来的二次脉冲油压相通。套筒3上开有4个圆孔，工作时套筒固定在壳体1内，油孔D与来自油泵的压力油相通。

当机组负荷稳定时，二次脉冲油压不变，作用在滑阀上向上的力(油压)与弹簧向下的力相平衡，滑阀处于将通往油动机活塞上、下油室的窗口F和E完全堵死的位置(见图5－7所示位置)，也即滑阀的中间位置。此时通往油动机的高压油路处于截断位置，所以油动机活塞不动作。

当机组负荷降低时，转速升高，一次油压 p_1 升高，二次油压也升高，错油门滑阀在二次油压作用下向上移动，使

D与E接通，即接通了通往油动机活塞下部的高压油路，使

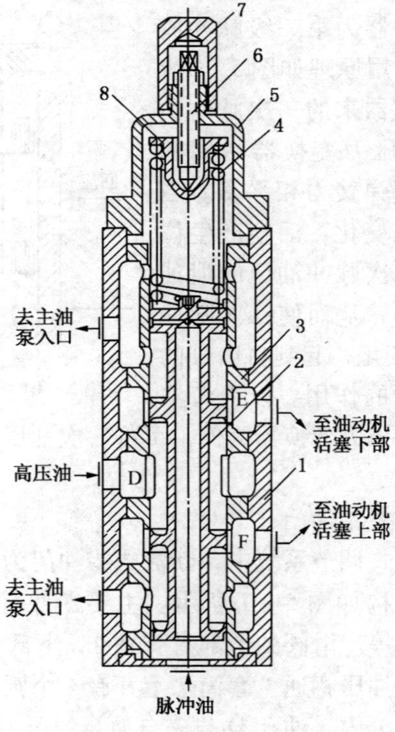

图5－7　错油门结构图

1—壳体；2—滑阀；3—套筒；4—弹簧；5—错油门盖；

6—调整螺杆；7—罩螺母；8—弹簧座

油动机活塞动作而关小调节汽阀。机组负荷增大时，调节过程动作相反。

显然，错油门接受了二次脉冲油压的变化信号，而产生

一个更强的高压油驱使油动机动作，起到了第二级放大的作用。

9. 油动机与调节汽阀的作用及结构特点是什么？

油动机与调节汽阀作为执行机构来最终完成改变进入汽轮机的蒸汽流量的任务。

（1）油动机

图 5－8 为一双侧进油活塞式油动机。

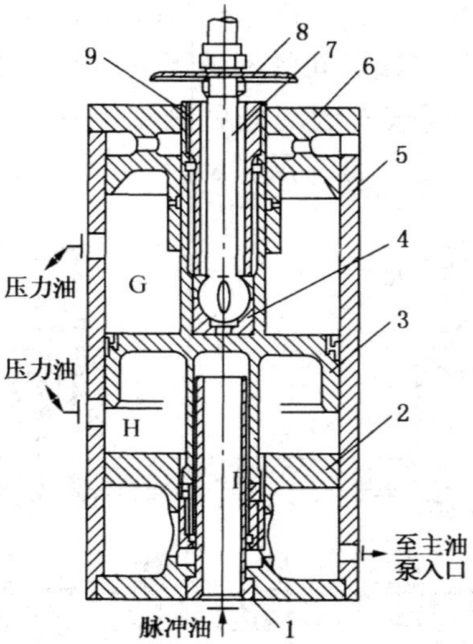

图 5－8　油动机结构图

1—反调整套筒；2—活塞套筒；3—活塞；4—球面支承；5—壳体；6—油动机盖；7—球头拉杆；8—防尘盖板；9—紧定套筒

活塞 3 上、下各有窗口 G 和 H 分别和错油门的油孔 F、E 相通。当错油门动作，开启通往油动机活塞上部或下部油室的窗口使高压油进入活塞的上部或下部油室时，油动机活塞就在压力油的作用下向下运动或向上运动，并通过球头拉杆 7 带动调节汽阀动作。

（2）调节汽阀

全液压式调节系统中的调节汽阀通常为群阀提板式，如图 5－9 所示。拉杆通过叉形接头 10 与油动机的杠杆相连，杠杆的支点由固定在蒸汽室盖 5 上的支架支承，从而形成一定的杠杆比。五个调节汽阀阀杆均装在横梁 3 上，当油动机活塞向下移动时，通过杠杆带动拉杆向上移动，横梁随之上移。各汽阀螺母与横梁间的间隙不同（预先按开启要求调整好），因此各汽阀按一定的先后次序开启，如图 5－9 中的开启顺序为Ⅰ、Ⅱ、Ⅲ、Ⅳ、Ⅴ。

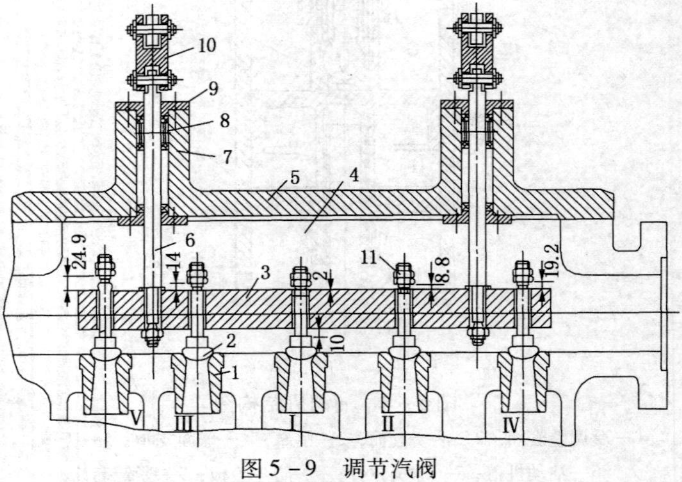

图 5－9　调节汽阀

1—阀座；2—阀碟；3—横梁；4—蒸汽室；5—蒸汽室盖；6—拉杆；7—密封片；8—漏汽口；9—压盖；10—叉形接头；11—螺母

10. 为什么要有反馈装置？

图 5－2 中的杠杆 BC 就是反馈杠杆。其作用是直接利用油动机的位移，反过来带动错油门，使它很快回复到中间位置，不致于产生过调节。

调节系统中若没有反馈装置，则在调节过程中，油动机活塞不会及时停止移动，而将在高压油的作用下继续下移（负荷减小时），直到转速降至错油门滑阀重新回复到中间位置，油动机活塞及调节汽阀才停止动作。由于汽轮机转子的惯性，往往使上述恢复动作滞后一定时间。也就是说当调节汽阀已经关小到实际需要的位置时，转速却由于转子的惯性还没有降到相应的数值，结果造成调节汽阀关闭过多，转速下降过多（即过调节），又促使错油门向相反方向移动，调节汽阀重又开大，从而引起摆动。为了克服这一缺点，系统中必须装设反馈装置，使调节过程具有稳定性。

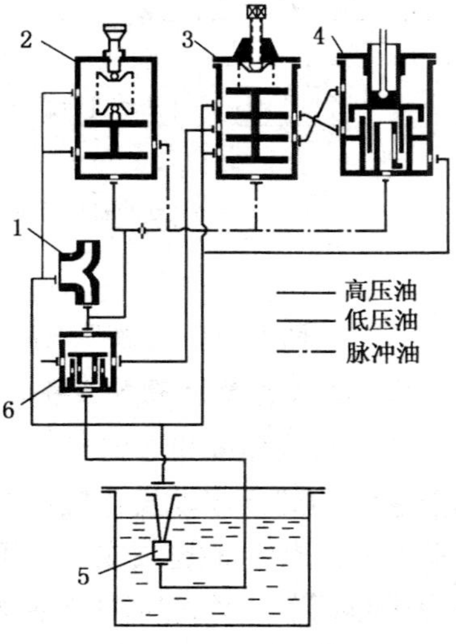

图 5－10　全液压调节系统的原理示意图

1—离心油泵；2—压力变换器；3—错油门；4—油动机；5—注油器；6—三通换向阀

11. 用方块图说明全液压调节系统的调节过程。

图 5－10 为全液压式调节系统原理示意图。

当外界负荷增加时，机组转速降低，油泵出口一次脉冲油压随之降低，压力变换器滑阀向下移动，二次脉冲油压降低，错油门滑阀下移，高压油进入油动机活塞上部油室，活塞在压力油作用下向下移动(油动机活塞下部油室的油排入主油泵进口)，调节汽阀开大，进汽量增加。在油动机活塞下移的同时，反馈油窗Ⅰ被关小，脉冲油压因回油减少而升高，错油门滑阀又向上移动回到中间位置。若此时蒸汽流量的增加与负荷的增大已相适应，则机组在新的转速下稳定运转，调节系统动作完毕。负荷减小时，调节系统的动作过程则与上述相反。

上述调节过程可用图5-11所示的方块图简便地表示。

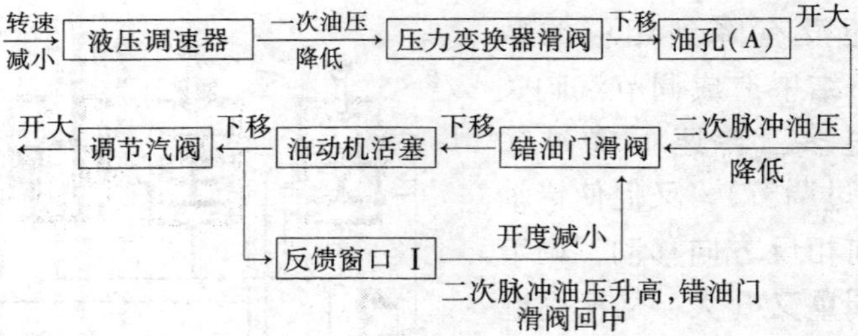

图5-11　全液压调节系统动作过程方块图

12. 工业汽轮机调节系统的特点是什么？

驱动泵或压缩机等机械的工业汽轮机及供热的汽轮机的调节系统不同于驱动发电机的汽轮机，除了对机组的转速进行调节外，还要根据泵或压缩机的出口压力，或供热蒸汽的压力进行调节，因此其调节系统较为复杂。其调节系统由调速和调压两部分组成，即除调速器外还有调压器。

13. 调压器的作用及结构特点是什么？

调压器是工业汽轮机调压部分的主要部件。图5-12是带有调压器的工业汽轮机调节系统原理图。

调压器 2 是自动调整压缩机风量或风压的装置。压缩机进口(或出口)风压经过气动压力变送器形成二次风压讯号，将此讯号风压引入调压器，控制机组在规定的最低转速范围内相应地变化，以保证压缩机的工艺要求。

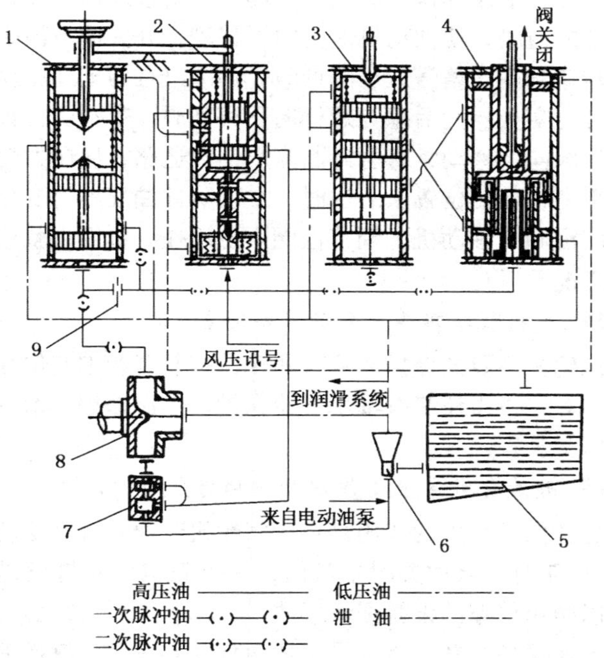

图 5－12 工业汽轮机调节系统原理图

1—压力变换器；2—调压器；3—错油门；4—油动机；
5—油箱；6—注油器；7—逆止阀；8—主油泵；9—节流孔

当讯号风压升高时，装在密闭腔室里的波纹管被压缩，产生变形，波纹管的变形推动了装在波纹管上的顶杆向上移动。顶杆向上移动减少了回油窗口的开度，泄油量减少，这样在铜套的活塞部分上下产生压力差，在此压力差的作用下，铜套向上移动，接通了高压油通向压力变换器的通路。在这一油压作用下，压力变换器活塞带动螺杆压迫弹簧，使滑阀向下移动。滑阀的移动使二次脉冲油窗口开大，泄油量增加，二次油压降低，错油门滑阀下移，接通高压油到油动机上腔的通路，使油动机活塞向下移动，开大调节汽阀，汽轮机转速升高。信号风压降低时，调节过程与上述相反。

压力变换器的活塞与螺杆向下移动时，带动了杠杆使调压器滑阀向上移动，直至遮断高压油的通路，使压力变换器滑阀平衡在新的位置上。这时，二次脉冲油压不再变化，则错油门滑阀、油动机、调节汽阀不再动作，机组也就稳定在新的工况下运行。

14. 汽轮机有哪些主要的保护装置?

汽轮机主要的保护装置有超速保护装置和轴向位移保护装置。有些机组还装有轴承油压保护、油温保护、低真空保护等保护装置。

15. 超速保护装置的作用及结构特点是什么?

超速保护装置的作用是：当汽轮机转速超过额定转速的9% ~11%时，自动关闭主汽门，使汽轮机停止进汽迅速停机，以防止严重的设备损坏事故。

超速保护装置通常都是由危急保安器及危急遮断油门组成的。

图5－13是常见的偏心飞锤式危急保安器，它装在机头与汽轮机主轴相连的主油泵泵体上；其主要结构有：飞锤1、弹簧2、衬套3及调节套筒4。飞锤被弹簧紧紧地压在弹簧座上，飞锤重心与油泵体旋转中心不重合，即有一偏心距a。旋转时，由于重心偏离旋转中心，转动的离心力欲使飞

锤飞出。在正常转速下，离心力小于弹簧力，飞锤被弹簧压住不能飞出，当转速升高并超过额定转速，离心力增大，但仍小于弹簧的压缩力时，重锤仍不能飞出。当转速升高到某一转速——即超速保护装置的动作转速时（一般为额定转速的 1.10 倍），离心力与弹簧力相等。当转速再稍有升高时，离心力将大于弹簧力，重锤开始飞出。重锤飞出后，偏心距增加使离心力和弹簧的压力都相应增加，但离心力的增加超过弹簧力的增加，因而重锤一旦飞出，就不可能回复到原来位置。

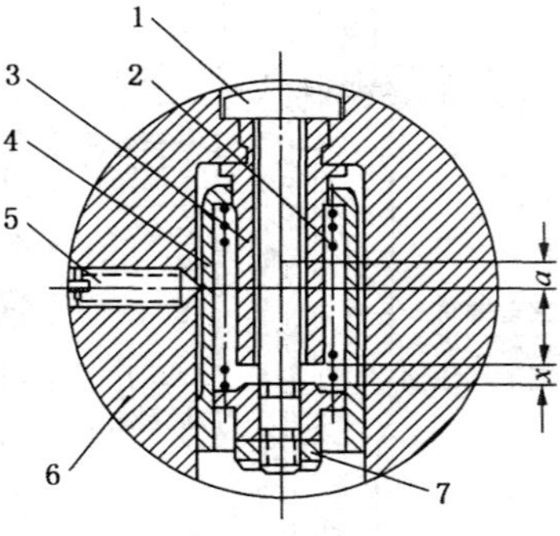

图 5－13　偏心飞锤式危急保安器

1—飞锤；2—弹簧；3—衬套；4—调节套筒；5—紧定螺钉；6—主油泵泵体；7—紧定螺母

危急遮断油门是接受危急保安器的动作，来控制主汽阀及调节汽阀关闭的机构。图 5－14 为危急遮断油门结构示意图。主要结构有：小弹簧 2、大弹簧 4、套筒 7、心杆 8、拉钩 12 及拉力弹簧 9 等。在危急遮断油门的壳体 6 的互为 90°的两个断面上分别开有油孔 B 及油孔 A、C，套筒 7 的上端用螺纹与大弹簧罩 5 相连，下端通过销轴 10 与拉钩 12 相连。

在正常工作时，拉钩卡在盖板 11 上，如图 5－14 所示位置。此时大弹簧 4 给大弹簧罩的向上作用力由拉钩平衡，使套筒处于图示的平衡位置，油孔 A、C 相通，来自轴向位移遮断器的高压油经此通路去磁力断路器，再去主汽阀。当危急保安器动作时，重锤飞出撞击危急遮断油门的拉钩，使

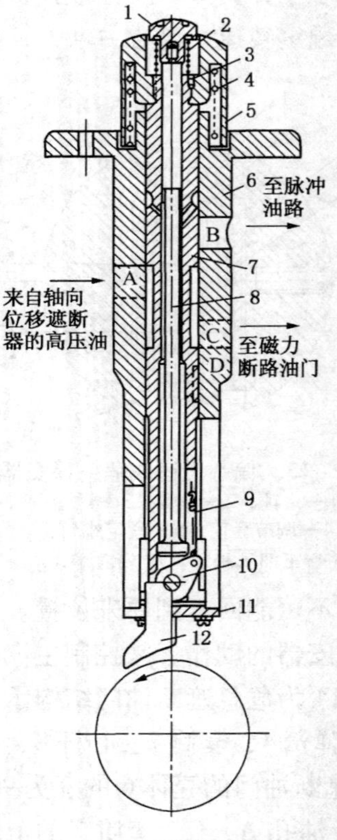

图 5－14　危急遮断油门示意图
1—小弹簧罩；2—小弹簧；
3—紧定螺钉；4—大弹簧；
5—大弹簧罩；6—壳体；
7—套筒；8—心杆；
9—拉力弹簧；10—销轴；
11—盖板；12—拉钩

拉钩脱落，于是套筒便在大弹簧的作用下向上移动，从而切断了 A、C 的通路，也就是切断了通往主汽阀的高压油路，自动主汽阀因失去高压油而迅速关闭。同时，危急遮断油门套筒的上移还使油孔 A、B 接通，高压油经油孔 A、B 与脉冲油路相通，脉冲油压迅速上升，调节汽阀迅速关闭。因此，当危急保安器动作后，主汽阀与调节汽阀同时迅速关闭，切断汽源，使机组停止运行。

危急保安器可以手动。当因某种原因需要紧急停机或机组转速已升至动作转速，而危急保安器仍不动作时，可手拍危急遮断油门心杆上端的小弹簧，同样可使拉钩脱落，达到使主汽阀及调节汽阀迅速关闭，机组停止运转的目的。

16. 轴向位移保护装置的作用及结构特点是什么？

为防止汽轮机转子因轴向位移超过允许的数值而发生汽轮机内部动、静部分相碰擦，使设备发生严重事故，机组上装设了轴向位移保护装置。它的作用是：当轴向位移超过允许值时，轴向位移保护装置自动动作，使主汽阀和调节汽阀迅速关闭，以保护设备的安全。

液压式轴向位移指示及保护装置，其基本原理为喷嘴——挡板原理。喷嘴装在前轴承室内，其喷油量由喷嘴与装在主轴上的挡板间的轴向距离来决定。当主轴产生轴向位移时，喷嘴与挡板间的间隙变大，喷油量变大，因而引起喷嘴前的油压降低，控制油压发生变化，控制系统动作。

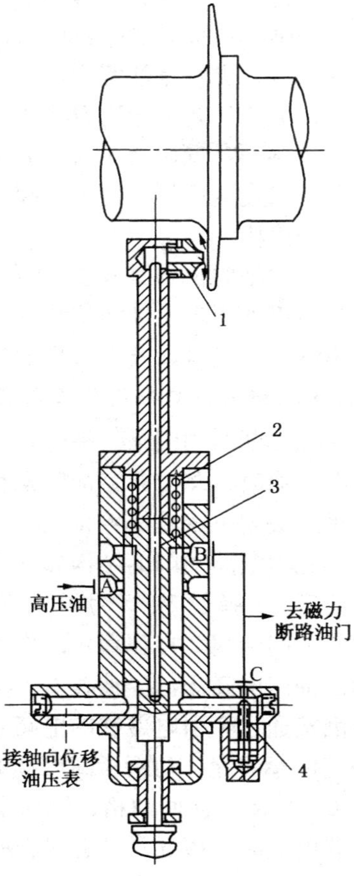

图 5－15　轴向位移保护装置结构

1—喷嘴；2—弹簧；3—滑阀；4—调整螺钉

其具体结构如图 5－15 所示。主要结构有滑阀 3、弹簧 2、调整螺钉 4 及喷油嘴 1 等。高压油自油孔 A 进入，经油孔 B 出来分成两路，一路去磁力断路油门，另一路经可调节的节流孔 C 进入滑阀 3 下的油室，然后经滑阀 3 的中心钻孔自喷嘴 1 喷出。正常工作时，滑阀处于图示位置。弹簧 2 对滑阀产生的向下作用力与油室中的压力油给滑阀的向上作用力相平衡。当轴向位移增加时，喷嘴与挡板间的间隙增加，喷嘴的喷油量就增加，喷嘴前的油压，也就是油室中的油压——轴向位移油压就降低，此时，弹簧的向下作用力将大于油压向上的作用力，因而滑阀向下移动，就切断了高压油至磁力断路油门的油路，磁力断路油门发生动作，使主汽阀与调节汽阀迅速关闭，汽轮机便自动停机。

因为轴向位移油压的数值实际上反映了轴向位移的大小，所以油压表上轴向位移油压的数值也就是轴向位移大小的指示，而且可以发出报警信号。

17. 磁力断路油门的作用及结构特点是什么?

磁力断路油门是一种电动保护装置。当磁力断路油门的电路接通时，磁力断路油门就动作，使主汽阀和调节汽阀同时迅速关闭，汽轮机停止运转。

磁力断路油门的结构如图 5－16 所示。主要结构有：油门活塞 2、弹簧 3、牵引电磁铁 5 及卡销 10 等。正常工作时，油门活塞 2 在弹簧 3 的作用下处于图示位置，来自危急遮断油门的高压油经油孔 B、C 后去主汽阀。当手动或其他原因接通了牵引电磁铁的电路后，电磁铁带电，依靠磁力将油门活塞吸起，切断了高压油的通路。主汽阀的高压油自油孔 C、D 泄走流回油箱，因而主汽阀迅速关闭。在油门活塞上移的同时，接通了油孔 B、A 的通路，高压油经此通路流至脉冲油路，使脉冲油压上升，调节汽阀迅速关闭。这样，当磁力断路油门动作时，主汽阀与调节汽阀同时关闭，起到了在需要时能紧急停机的保护作用。

18. 自动主汽阀的作用是什么?

自动主汽阀是汽轮机保护系统的执行元件。它装在调节

汽阀之前，在正常运行时保持全开状态不变。任何一个保护装置动作时，自动主汽阀都能迅速关闭，切断机组进汽，紧

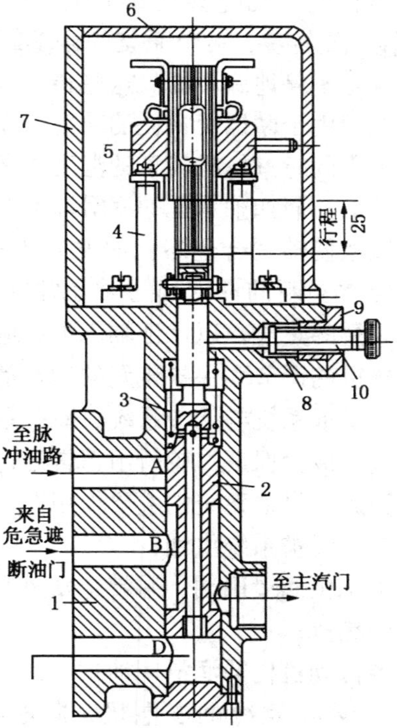

图 5－16　磁力断路油门结构图

1—油门壳体；2—油门活塞；3—弹簧；4—撑脚；

5—牵引电磁铁；6、7—盖板；

8—小弹簧；9—螺母；10—卡销

急停机。一般要求在正常的进、排汽参数情况下，自动主汽阀关闭后（此时调节汽阀全开），机组转速应降至 1000r/min 以下。从保护装置动作到自动主汽阀全关的时间不应大于

0.5～0.8s。

19. 汽轮机供油系统的任务是什么？

汽轮机组运行时，几吨甚至几十吨重的转子以3000r/min或更高的转速旋转着，调节系统的许多部件，如调速器和主油泵等，也是不停地旋转着。这些转动部件的轴承必须用润滑油，以减少由于摩擦而损耗的功率。高速旋转本身会产生大量的热量，同时汽轮机转子的温度很高，必然有大量的热量传到轴颈上。假如轴承里的润滑油不够，它的温度就会很快上升，以致使轴瓦合金熔化而发生严重的设备事故。所以，必须有经常不断的油流通过轴承才能一面起润滑作用，一面带走大量的热量，以保证轴承可靠地运行。

另外，汽轮机的调节和保护装置的动作都是以油作为工作介质的，因此供油系统与调节系统、保护系统、润滑系统密切联系在一起，成为保证汽轮机组正常运行不可缺少的一个重要部分。因此，供油系统的主要作用有：

(1) 向调节和保护系统供油；

(2) 向各轴承供润滑用油，并带走摩擦产生的热量和由高温转子传来的热量；

(3) 供给各传动机构的润滑用油；

(4) 对有些采用氢冷的发电机，向密封瓦提供密封用油；

(5) 供给盘车装置和顶轴装置用油。

油系统必须在任何情况下，即不论在机组正常运行、停机、事故甚至当电(工)厂交流电源中断时，都能确保供油。对于高速旋转的汽轮发电机组，哪怕是短暂时间(如几秒钟)的供油中断也会引起重大事故。

20. 汽轮机供油系统有哪几种类型？

在正常运行中，汽轮机的用油是由主油泵供给的，根据供油系统中主油泵的类型不同，汽轮机供油系统基本上可分为具有容积式主油泵的供油系统和具有离心式主油泵的供油系统两大类。

21. 容积式主油泵供油系统的特点是什么？

容积式主油泵的供油系统的主油泵采用齿轮油泵或螺旋油泵等容积式油泵。其供油系统示意图如图 5－17 所示。

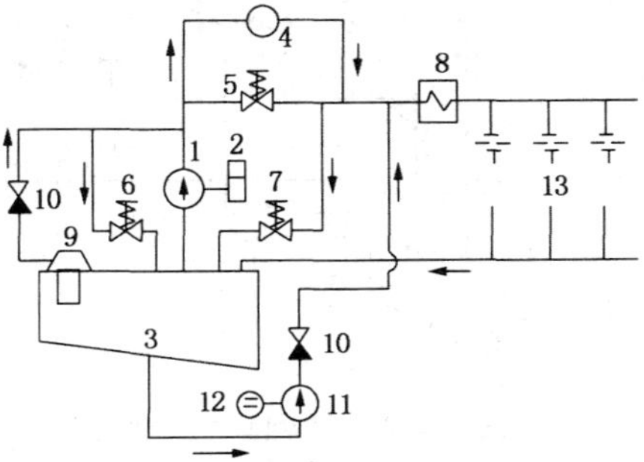

图 5－17　齿轮油泵供油系统示意图

1—主油泵；2—减速器；3—油箱；4—调节系统；5—弹簧减压阀；6—高压溢油阀；7—低压溢油阀；8—冷油器；9—汽动辅助油泵；10—逆止阀；11—事故电动油泵；12—直流电动机；13—轴承

齿轮式或螺旋式主油泵 1 由汽轮机主轴经减速器 2 带动。主油泵从油箱 3 中吸油，升压后送出。压力油一路供调节、保护装置用油，另一路经弹簧减压阀 5 和冷油器 8 供各轴承润滑用油。在启动或停机过程中，汽轮机的转速低于正常转速，主油泵无法正常供油。此时由辅助油泵(汽动或交流电动油泵)代替主油泵向调节、保护系统和润滑系统供油。

容积式油泵的主要优点是吸油可靠，系统比较简单。它在正常运行时，润滑油是由压力油经节流后供给的，因而存在着很大的节流损失。因此，采用容积式主油泵供油，其经济性较差。现代大中型汽轮机已不再采用这种系统，而代之以离心式主油泵供油系统。

22. 离心式主油泵供油系统的特点是什么？

图 5－18 是装有离心式主油泵的典型供油系统。

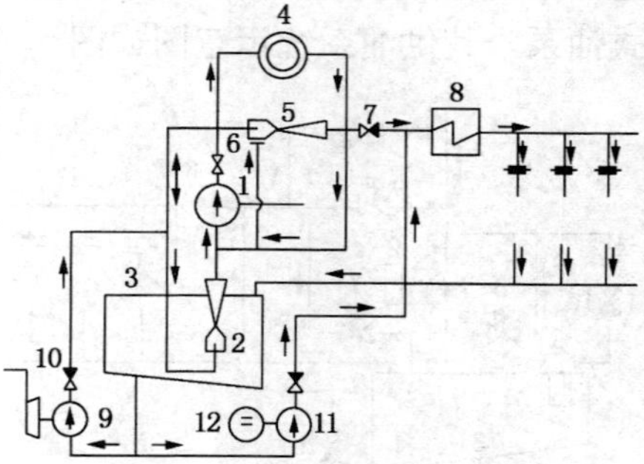

图 5－18　离心式主油泵的供油系统图

1—主油泵；2——级射油器；3—油箱；4—调节系统；
5—二级射油器；6、7—逆止门；8—冷油器；9—汽动辅助油泵；
10—油泵逆止门；11—事故电动油泵；12—直流电动机

主油泵 1 为离心式油泵，直接由汽轮机和主轴通过联轴器带动，它的转速就是汽轮机的转速。由于离心式油泵在进口有空气的情况下无法从油箱中吸油，所以专门装有一级射油器 2(也称注油器)，使离心油泵进口经常充满油，并保持一定的正压。射油器 2 装在油箱 3 中，利用主油泵 1 出口的高压汕作为动力，直接从油箱中吸油，然后喷射到主油泵进口。主油泵出口油分成三路：第一路供射油器 2 作为动力油；第二路供调节系统 4 作为动力油及脉冲油，它的回油到主油泵进口；第三路供二级射油器5作为动力油，它将一级射油器2出口的部分油流提高压力到1～1.5bar左右，经过逆止门7送往润滑系统。

机组起动时用汽动辅助油泵9，其出油和主油泵一样也分成相同的三路。事故时可能没有汽源，为了保证机组能够安全停下，可由直流电动机驱动，它只供润滑油。

23. 汽轮机油系统对油品有何要求？

汽轮机组使用的润滑油又叫汽轮机油（或透平油）。根据不同情况可选用不同牌号的汽轮机油。常用的有20号或30号汽轮机油，其主要性能如表5－1所示。

表5－1　汽轮机油质量规定

项目＼油类	20号汽轮机油	30号汽轮机油
运动黏度(50℃)	$(18\sim22)\times10^{-6}m^2/s$	$(28\sim32)\times10^{-6}m^2/s$
闪点(不低于)	180℃	180℃
凝固点(不高于)	－15℃	－10℃
灰分(不大于)	0.005%	0.005%
酸价(不大于)	0.03mgKOH/g	0.03mgKOH/g
氢氧化钠试验(不大于)	2级	2级
氧化后沉淀物(不大于)	0.1%	0.1%
氧化后酸值(不大于)	0.2mgKOH/g	0.2mgKOH/g
pH	中性	中性
破乳化时间(不大于)	8min	8min

随着时间的延续，因氧化作用汽轮机油质将逐渐恶化。特别是油中进水对油质劣化影响甚大，因此需对运行中的汽轮机油进行严格的化学监督，即对油中有无水分和机械杂质，酸价和油的酸碱反应等进行监督。

24. 供油系统中辅助油泵有何作用？它有哪几种类型？

辅助油泵的作用是在汽轮机启动、停机或发生故障，主油泵不能正常工作时，及时地向调节、保护系统和润滑系统供油。

辅助油泵分为高压辅助油泵和低压辅助油泵两种。高压辅助油泵又称为启动油泵或调速油泵，它的作用是在主油泵不能正常工作时，供给调节、保护系统和润滑系统用油。高压辅助油泵又有交流电动油泵(大功率机组用)和汽动油泵(中小型机组用)两种。低压辅助油泵又称为事故油泵或润滑油泵，它的作用是在汽轮机发生事故，主油泵不能供润滑用油时，向润滑系统供油，以及汽轮机停机后供给盘车时所需的润滑油。低压辅助油泵有交流电动油泵和直流电动油泵两种。

25. 注油器有什么作用？它有什么特点？

为保证主油泵工作可靠，不发生因吸入侧不严而漏入空气致使吸油中断的严重事故，在主油泵前有注油器，注油器向主油泵供油，使主油泵吸入侧恒为正压。

图 5-19 为注油器的结构图。

注油器主要由喷嘴 2 和扩压管 4 两部分组成。来自主油泵的高压油(7bar)自油管 1 进入喷嘴 2，使油流速度增加、压力降低，致使喷嘴出口产生负压，油箱中的油在大气压力作用下，经过滤网 6 进入注油器，与喷嘴喷射出来的工作油混合后进入扩压管。在扩压管中，油流速度降低、压力增加，最后供出具有 1.5bar 压力的低压油。显然，注油器必须低位布置，使它的混合室浸入油中以保证吸油可靠。

26. 主油泵的结构特点如何？

主油泵是调节、保护、油系统的主要供油设备。汽轮机常用的主油泵分齿轮泵、螺杆泵及离心式三种型式。

全液压调节、保护和油系统常采用径向钻孔式离心油泵，它既是液压式调速器又是主油泵，装于机组前端由主轴直接拖动。其结构如图5－20所示，主要结构有：油泵外壳1、稳流网3及泵体7。

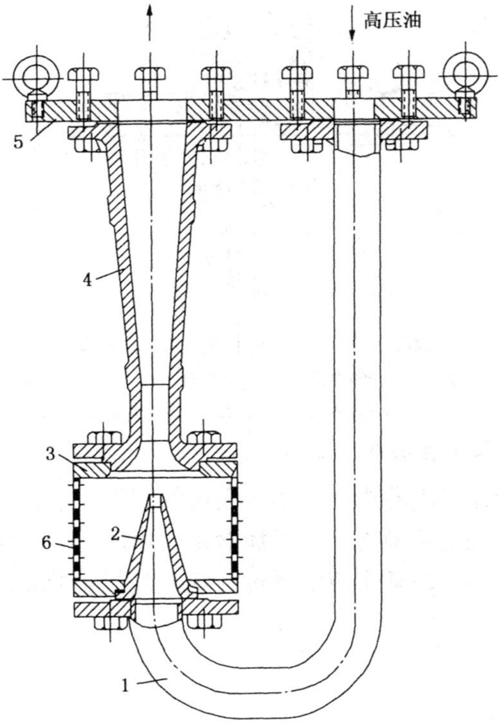

图5－19　注油器结构图

1—油管；2—喷嘴；3—垫片；4—扩压管；5—盖板；6—滤网

由注油器来的油沿轴向进入离心泵，然后借助泵旋转的离心力经泵体上的径向孔甩出，再经过稳流网，使压力均衡后进入油泵环室2，最后穿过壳体1上所开的四个长方形孔向外供出高压油。

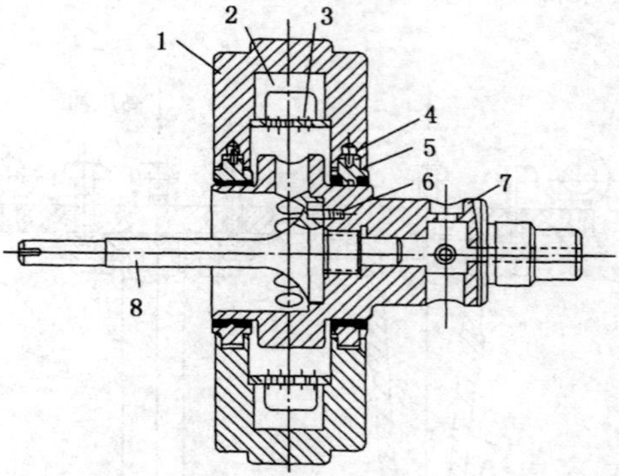

图5-20　径向钻孔离心油泵结构图

1—泵壳；2—油泵环室；3—稳流网；4、6—紧定螺钉；5—油封环；7—油泵体；8—接长轴

27. 冷油器的作用是什么？

冷油器将汽轮机组各轴承用过的润滑油进行冷却，使油温调整在规定范围内，再供润滑系统用油。冷油器是一个表面式换热器，冷却水与油通过管壁面进行热量交换。

第六章　汽轮机调节系统的试验与调整

1. 调节系统试验的目的是什么？

（1）确定调节系统的静态特性、速度变动率、迟缓率及动态特性等，可以全面确定调节系统的工作性能；

（2）通过试验发现正常运行中不易发现的缺陷，并正确分析其原因，为消除缺陷提供必要的、可靠的依据。

2. 什么是调节系统静止试验？

调节系统静止试验是在汽轮机静止状态下，启动高压辅助油泵，对调节系统进行试验。由于汽轮机处于静止状态，试验时干扰因素少，可获得比较准确的结果。对于新安装和检修后的机组，通过静止试验可将各机构的关系调整到符合设计要求，为保证安全、可靠启动和运行提供必要条件。对存在缺陷或经过改进的机组，通过静止试验测得各机构的相互关系，与设计数据进行比较，找出产生缺陷的原因或判断改进的效果。

3. 静止试验可以测得哪些项目？

（1）调速器信号（滑套位移或一次脉冲油压）与油动机行程、二次脉冲油压间的关系；

（2）油动机行程与各调节汽阀开度的关系；

（3）调速器滑套及油动机的工作行程；

（4）同步器的工作范围；

（5）传动放大机构的迟缓率。

静止试验的记录项目主要有：调速器滑套行程(或一次脉冲油压)、油动机行程、各调节汽阀开度、同步器行程及二次脉冲油压等。

4. 如何进行静止试验？

静止试验时，汽轮机还未运转，故主油泵不工作，压力油由高压辅助油泵供给，转速信号由人工产生。对低速离心调速器的机组，拆除调速器的主弹簧，装设一个专用工具来移动滑套位置；对高速弹簧片调速器，可利用同步器来移动调速器错油门活塞的位置；对液压调速器，则切断原来的一次脉冲油路，另用人工产生的可调节油压代替。为使试验符合运行情况，应将油温保持在45℃ ±5℃的范围内。

试验时，移动调速器滑套或改变一次脉冲油压，待油动机开始关闭时作第一次记录，以后每移动一次记录一次，直至油动机全关，全部记录点不少于8个。油动机全关后再进行开启方向试验。必须注意，在关闭或开启方向试验时，只能单向进行，不可来回移动，否则不能测出迟缓率。

试验后将试验记录汇总，并修正仪表指示的误差，绘出曲线。

5. 自动主汽阀及调节汽阀试验的内容是什么？

自动主汽阀及调节汽阀试验内容是：

（1）自动主汽阀及调节汽阀的严密性试验；

（2）关闭时间试验。

6. 严密性试验的目的是什么？如何进行？

严密性试验的目的是检查自动主汽阀及调节汽阀关闭的严密程度。

（1）自动主汽阀严密性试验在额定的新蒸汽参数、排汽压力和转速条件下，调节汽阀处于全开状态，关闭自动主汽阀并同时记录汽轮机转速随时间变化的关系，一般要求在自动主汽阀关闭后，汽轮机转速能迅速下降到1000r/min以下。

（2）调节汽阀严密性试验在额定的新蒸汽参数、排汽压力和转速条件下，自动主汽阀处于全开状态，关闭调节汽阀并同时记录汽轮机转速随时间变化的关系。这个关系，应与相同条件下打闸停机时的曲线基本一致。

7. 关闭时间试验的目的是什么？如何进行？

关闭时间试验是测量操纵自动主汽阀和调节汽阀的自动关闭器和油动机的关闭时间，以判断其动作迅速性是否符合要求。试验分别在静止状态和空负荷状态（蒸汽参数为额定值）下进行。试验方法是：

（1）用电秒表测量　电秒表的接线要求是在自动主汽阀和调节汽阀开始关闭时，电秒表启动；汽阀完全关闭时，电秒表停止。试验前，自动主汽阀和调节汽阀均处于全开位置（在空负荷状态下试验时，可用关小电动主汽阀旁路的方法使调节汽阀全开）。试验时手打危急遮断器，记录自动主汽阀及调节汽阀的关闭时间。

（2）用录波器测量　采用录波器对关闭过程进行录波记录，可以更准确地记录关闭时间并便于分析。在自动主汽阀和油动机上安装行程信号发讯器，将位移信号转变为电气信号送入录波器，同时送入危急遮断器的脱扣信号（表示脱扣开始时间）。试验时，手打危急遮断器，录波器自动记录自动主汽阀及调节汽阀的关闭过程。

8. 超速保护装置应进行哪几项试验？如何进行？

为了确保汽轮机运行中超速保护装置动作的可靠性，在汽轮机安装完毕后、每次大修以后或运行2000h以后，均应按有关规定进行超速保护装置试验，包括：

（1）手动试验　其目的是检查危急遮断油门、自动主汽阀及调节汽阀是否动作。试验分别在汽轮机静止状态及空负荷情况下进行，可以结合自动主汽阀和调节汽阀的严密性试验和关闭时间试验同时进行。

（2）注油试验　大型汽轮机组均安装有危急保安器注油试验装置，可分别在空负荷及带负荷情况下进行试验。空负荷注油试验可测定危急保安器的注油击出转速。带负荷注油试验是在正常带负荷运行情况下进行危急保安器动作试验。试验时将被试验的危急保安器脱扣装置从正常运行系统中脱开(此时另一危急保安器及其脱扣装置仍处于正常运行状态，能起保护作用)，并将其接入试验系统，试验完毕后将其投入正常运行状态，再对另一个危急保安器进行试验。

（3）超速试验　目的是测定危急保安器的实际动作转速。试验在空负荷时进行。试验时用同步器将转速升到上限，再用超速试验装置缓慢地提高转速，使危急保安器动作并记录动作转速。

9. 进行超速试验时应注意哪些问题？

进行超速试验时应注意下列几点：

（1）试验应在相同条件下进行两次，且两次动作转速之差不应超过额定转速的0.6%。新安装或大修后的机组，应进行三次试验，第三次动作转速与前两次动作转速平均值之差不应超过额定转速的1%。

（2）若机组有两个危急保安器，通过空负荷试验先判断哪一个危急保安器的动作转速较低。利用注油试验装置，将试验手轮切换至动作转速较低的危急保安器，以便一次试验可同时测出两只危急保安器的动作转速。

（3）对于大功率机组，超速试验前应有足够的暖机时间，防止转子金属温度低于脆性转化温度而影响机组的安全，对滑参数启动的机组这一点尤为重要。

10. 危急保安器动作转速不符合要求时，应如何调整?

如果制造厂提供有旋转调整螺母一圈使动作转速改变的数值，则可按下式求得需要改变调整螺母的圈数：

$$L_0 = \frac{n - n_0}{n_m}$$

式中　L_0——需改变调整螺母的圈数；

n_m——制造厂给出的每旋转一圈调整螺母，所能改变动作转速的值，r/min；

n——调整前危急保安器的动作转速，r/min；

n_0——规定的危急保安器动作转速，r/min。

若无制造厂提供的 n_m 数据，可用下面方法确定所需调整的圈数：若第一次测得危急保安器动作转速为 n_1，旋转调整螺母 L_1 圈(一般 $L_1 < 1$，且应向转速减小的方向旋转)后，测得的动作转速为 n_2，危急保安器规定的动作转速为 n_0，则应改变的螺母圈数 L_0 为：

$$L_0 = L_1 \frac{n_0^2 - n_2^2}{n_2^2 - n_1^2}$$

若计算结果 $L_0 > 0$，应向转速增加方向调整；若 $L_0 < 0$，应向转速减小方向调整。

11. 调节系统静态特性试验的内容和目的是什么?

调节系统静态特性试验包括空负荷试验和带负荷试验。

(1) 空负荷试验　是汽轮机在空转和无励磁情况下进行的，其目的是测定调速器特性、传动放大机构特性、同步器工作范围、感应机构和传动放大机构的迟缓率。同时可以检查调节系统能否维持机组空负荷稳定运转。

（2）带负荷试验　是在机组并网运行情况下进行的，其目的是测定配汽机构的静特性线、同步器与油动机行程关系曲线、油动机行程与各调节汽阀开度的关系、调节汽阀开启的重迭度。还可检查调节系统在不同负荷条件下是否能稳定工作。

12. 正常的调节系统应满足哪些要求？

正常的调节系统应满足下列要求：

（1）在规定的蒸汽参数范围内，主汽阀全开时，能维持汽轮机空负荷运行；

（2）机组由满负荷突然甩至空负荷时，调节系统能保持汽轮机的转速低于危急保安器的动作转速；

（3）在设计的负荷范围内，负荷变化时油动机均匀平稳地移动，蒸汽参数稳定时，调节系统的摆动幅度不应大于1%；

（4）主汽阀、调节汽阀阀杆没有卡涩和松弛现象，危急保安器动作后，应能保证主汽阀关闭严密；

（5）调节系统的迟缓率应在0.2%～0.4%范围内，不得超过0.5%；

（6）调节系统的速度变动率应在3.5%～6%范围内；

（7）供热机组应能满足负荷变化的特殊要求。

13. 调节系统不能维持空负荷运行的原因是什么？

自动主汽阀全开而调节汽阀尚未开启时，汽轮机的转速继续升高，甚至达到危急保安器的动作转速，机组无法维持稳定的空负荷运行，其原因是：

（1）调节汽阀关闭不严，有漏汽；

（2）阀座与阀壳的结合面不严，蒸汽就会漏入汽轮机内；

（3）调节汽阀卡涩，使汽阀关闭不严；

（4）凸轮式配汽机构的凸轮与滚轮间冷态配合间隙过小，热态下间隙消失或因凸轮安装不合适而使调节汽阀关闭不严而漏汽；

（5）同步器工作行程调整不当，下限富裕行程太小，当调速器和转速超过额定转速后，同步器调整量太小或失去调整能力。这在弹簧式同步器中常发生。

14. 同步器工作范围试验如何进行？

试验时先将同步器放在低限位置，开始第一次记录，然后操作同步器增加转速，每增加 25～30r/min 记录一次，直至达上限位置为止。记录项目为同步器行程、汽轮机转速。对非辅助弹簧同步器的系统，还要记录调速器滑套行程。液压调节系统则记录脉冲油压数值。

通过此试验主要检查汽轮机能否维持空转以及能否在较低的电网频率下并入电网和从电网解列，测取同步器的工作范围。

15. 空负荷升速、降速试验的目的是什么？如何进行？应注意什么问题？

空负荷升速、降速试验的目的是测取感应机构和传动放大机构的静特性曲线。试验时将同步器分别放在中限、上限位置，慢慢关闭主汽阀使机组转速下降，待转速稳定时记录有关数据。测量各点的转速间隔应保证在油动机全开范围内不少于 8 个，一般转速每下降 25～30r/min 记录一次，直至油动机全开。降速试验完毕后，缓慢开启主汽阀，做升速试验，直至原来转速为止。试验时应注意下列问题：

（1）升、降转速不应太快，一般升、降转速的速度应小于 100r/min；

（2）试验只允许单向进行，即分别进行降速和升速试验，不允许往复进行变速；

（3）试验时尽可能保持蒸汽参数为额定值。

16. 如何进行带负荷试验？应注意什么问题？

带负荷试验是在机组并网运行时进行的。在并网前先记录空负荷的数据。并网后由空负荷到额定负荷间的测点不应少于 12 个，在空负荷及额定负荷附近的测点应较密集些。负荷变化由操作同步器调整，待负荷稳定一定时间后进行记录。如果试验过程中蒸汽参数、排汽真空比较稳定，可以不作降负荷试验，否则在作完升负荷试验后，即可进行降负荷试验。

带负荷试验时应注意下列问题：

（1）试验过程中，尽量维持新蒸汽参数在设计值范围；

（2）试验开始前将排汽真空调至最高值，试验过程中不作任何调整，任其随负荷变化而变化；

（3）回热系统应全部投入，但在试验过程中不对回热系统进行操作。

17. 什么是调节系统的动态特性试验？

调节系统的动态特性是指被调参数如转速随时间而变化的非稳态特性。即从一个稳定状态过渡到另一个稳定状态的过渡过程的特性。调节系统动态特性试验的目的主要是测取甩负荷时转速的飞升曲线，以便准确评定过渡过程的品质，同时试验中所取得的资料可以为改进系统的动态品质提供依据。

18. 调节系统动态试验必须具备哪些条件？

动态试验也即甩负荷试验时汽轮机的转速要升高至高于额定转速，是一项复杂而又重要的试验，必须仔细慎重地做好各项工作，确保甩负荷过程中汽轮机的安全。在试验前机组必须具备下列条件：

（1）调节系统的速度变动率、迟缓率以及各部套行程范围均需符合要求。

（2）自动主汽阀、调节汽阀严密性试验合格，抽汽逆止阀动作性能良好，严密性合格。

（3）手动危急保安器动作正常可靠。超速试验动作转速符合要求。

（4）自动主汽阀，调节汽阀的关闭时间，一般应小于0.4～1s。

（5）发电机拉闸按钮工作可靠。

19. 甩负荷试验应注意哪些问题？

甩负荷试验应注意下列问题：

（1）要求周波接近额定值，避免偏高。

（2）机组应处在正常负荷运行状态。蒸汽初温、初压与额定值的偏差应小于5%。

（3）手动危急保安器、自动主汽阀、抽汽逆止阀以及真空破坏门处，应有专人监视，以防在自动失灵时，能迅速采取措施。

（4）在甩负荷时必须有专人监视转速，转速表上标明最高转速标记，当转速超过最高转速标记而危急保安器未动作时，应立即打闸停机。

（5）试验前后应全面精确记录运行数据。

20. 调节系统速度变动率的调整方法有哪几种？

改变调速器特性曲线、传动放大机构特性曲线、配汽机构特性曲线中任一特性曲线的斜率，均可改变调节系统特性曲线的斜率，即改变调节系统的速度变动率。

（1）改变调速器特性曲线

对机械式转速感受机构，可采用改变调速器弹簧刚度的方法来改变速度变动率，弹簧刚度与速度变动率成正比，刚度增大，速度变动率增大。反之，刚度减小，速度变动率减小。弹簧刚度的改变一般是改变弹簧的有效工作圈数，弹簧的工作圈数与刚度成反比，即要使速度变动率增大，应减少弹簧的工作圈数；反之，增加弹簧的工作圈数，则速度变动率减小。对于液压式转速感受元件，例如旋转阻尼调速器，则可采用改变碟阀直径、波纹管直径、旋转阻尼内外径或压力油通往二次抽油室的节流孔孔径的办法来调整速度变动率。

（2）改变传动放大机构特性曲线

改变传动放大机构特性曲线斜率的较方便的办法是改变反馈率，增大相同的油动机活塞位移所产生的反馈量，可使速度变动率增大。例如，使控制反馈油口开度的反馈锥、反馈斜板的斜率增大，或增大反馈杠杆的传动比，增大反馈凸轮在相同转角下的升程等，均可使速度变动率增大。

（3）改变配汽机构特性曲线

此时要求在通流面积不变的条件下，即发同样的功率而使油动机活塞位移改变。对于带节流锥型线的调节汽阀可通过计算改变节流锥的型线；对于采用凸轮机构的调节系统，可改变调节汽阀达到满负荷最大升程时的凸轮回转角，而使油动机活塞的位移改变。更为方便的是改变调节汽阀的重叠度。调节汽阀重叠度改变了，也就改变了油动机活塞的位移，但应当注意的是，此时局部速度变动率也将有所改变。

21. 如何调整同步器的工作范围?

当同步器上限位置满足机组运行要求时，同步器工作范围扩大是有利的，此时同步器低限位置降低，是有利于机组的运行的。只有当同步器工作范围不足，才需进行调整。若因调节系统速度变动率过大，同步器工作范围不足，则应改变速度变动率；若同步器限制点位置不当，则应调整限制点位置；更常见的是同步器弹簧初紧力调整不当，此时应改变弹簧垫片的厚度，即改变同步器弹簧的初紧力。

22. 如何调整静态特性曲线上下限的位置?

若同步器工作范围满足运行要求，而上下限的位置同时偏高或偏低时，要改变静态特性曲线起始点的位置，可通过改变弹簧的初紧力、油口的初始高度、反馈锥在油动机活塞杆上的位置、同步器初始动作位置等措施来实现，使各中间环节特性曲线的位置改变，进而改变静态特性曲线的上下限位置。

23. 如何进行调节汽阀和自动主汽阀的严密性试验?

严密性试验是指调节汽阀和自动主汽阀关闭严密程度的试验。

(1) 自动主汽阀严密性试验　试验在额定蒸汽参数、真空度和额定转速下进行。在调节汽阀开启的情况下关闭自动主汽阀，记录稳定转速和时间，一般要求稳定转速在15min内，转速下降至1500r/min以下。

(2) 调节汽阀严密性试验　在额定蒸汽参数、真空度和额定转速下，自动主汽阀开启，操作同步器关闭调节汽阀，记录稳定转速和时间。调节汽阀关闭后，汽轮机的转速下降速度，一般要求应与相同蒸汽参数、真空度条件下打闸后汽轮机的惰走曲线基本一致。

24. 如何进行调节汽阀和自动主汽阀的关闭时间试验?

调节汽阀和自动主汽阀除要求严密外，还要求动作迅速、灵活。一般要求自动主汽阀关闭时间不大于0.5~0.8s，油动机关闭时间不大于1s。因此需要进行关闭时间试验。试验在静止状态和空负荷(额定参数)状态下进行。其方法如下:

(1) 用电秒表测量关闭时间　在自动主汽阀和油动机两端行程终点以及行程指示针上，接上电秒表。要求自动主汽阀和油动机刚开始关闭，电秒表立即动作，至关闭终止，电秒表立即自动停止。自动主汽阀和油动机均在全开位置时，手打危急保安器，记录自动主汽阀和油动机关闭时间。

(2) 用录波器测量关闭时的全过程　在自动主汽阀和油动机上安装行程讯号器，将位移讯号转变为电气讯号送入录波器，在危急保安器处按一掉闸讯号(表示开始时间)于录波器中，手打危急保安器进行录波记录，可对关闭的全过程进行录波记录。

第七章　汽轮机的启动、停机和正常运行

1. 汽轮机的启动过程是指什么？

使汽轮机从静止状态加速到额定转速，开始带负荷并逐渐增加到额定负荷或一定负荷的过程，称为汽轮机的启动过程。

2. 汽轮机的启动可分哪几类？

汽轮机的启动有两种分类方法。

（1）按启动过程中新蒸汽的参数是否变化，可分为额定参数启动和滑参数启动两种。在整个启动过程中，若自动主汽阀前的新蒸汽参数始终保持为额定参数不变，这种启动方式称为额定参数启动。启动时，若自动主汽阀前的新蒸汽参数随转速、负荷的增加而升高，这种启动方式称为滑参数启动。额定参数启动适用于母管制供汽的汽轮机。滑参数启动适用于单元制供汽的汽轮机。

（2）按启动前汽轮机汽缸金属温度的高低，可分为冷态启动和热态启动两种。启动前，汽轮机高压缸调节级汽室处的金属温度低于它维持空转状态的金属温度时，称为冷态启动；反之则称为热态启动。不同类型的汽轮机在额定参数下维持空转时，其调节级汽室处的金属温度是不同的。具体数值请查阅产品说明书。

3. 汽轮机启动的基本原则是什么？

采用哪种启动方法，应由机组的具体情况来确定。但不

论采用哪种启动方法，均必需做到：各金属部件温升、温差、胀差等都应控制在允许范围内，以减小热变形和热应力，并在保证安全的条件下尽可能缩短启动时间。

4. 额定参数下的冷态启动包括哪些步骤？

额定参数下的冷态启动过程通常包括：启动前的准备、冲动转子、升速、暖机和带负荷等步骤。

5. 启动前应作哪些准备工作？

启动前的一般准备工作为：

（1）确认安装或检修工作完毕；

（2）清除现场杂物及易燃物品等，保持现场整洁，仪表齐全、准确；

（3）联系有关部门，接通操作、信号、仪表及电动机等电气设备的电源；

（4）检查各系统的阀门，使其符合启动的要求；

（5）准备好启动过程中所需使用的工具；

（6）作好启动前的各有关试验。

6. 汽轮机启动前盘车未投时为什么不向轴封送汽？

汽轮机在抽真空时，汽缸内真空度逐渐增加，若此时向轴封送汽，则大量蒸汽通过轴封进入汽缸内，蒸汽的热量传给转子及汽缸，由于热气上升的原理，汽缸和转子静止时上部比下部温度高，因此转子上部逐渐弯曲，抽真空时间越长，则轴的弯曲越大，当转子转动时，动静部分就会摩擦，从而引起振动，所以一般在盘车未投时禁止向轴封送汽。

7. 汽轮机启动前为什么要先疏水？

启动前暖管时蒸汽遇冷马上凝结成水，凝结水不及时排出，高速流动的蒸汽就会把水带入汽轮机内，造成水冲击。

因此开机前必须先打开疏水门疏水。

8. 什么是暖管？暖管时应注意哪些问题？

启动前，新蒸汽管道、法兰及阀门等均处于冷状态。暖管，就是用新蒸汽逐渐加热自动主汽阀前的蒸汽管道及其附件。对设有汽动油泵、射汽抽气器的机组，这些设备的供汽管道应同时进行暖管。自动主汽阀至调节汽阀间管道的暖管，一般与启动暖机同时进行。通过暖管，逐渐提高其温度，以免管道在启动时因突然升温而造成过大的热应力，使管道产生变形或裂纹。此外，暖管使蒸汽管道预热到额定压力下的饱和温度，可以避免冲动转子时新蒸汽流经管道因低温而产生的凝结水随高速汽流进入汽轮机，造成水冲击事故。暖管时，必须严格控制管壁的温升速度，以保证管道均匀膨胀。为此，首先应进行低压暖管，即采用低压力、大流量的蒸汽来加热管道，汽压由总汽阀的旁路阀控制，一般维持在 2.5 ~ 3bar（大容量汽轮机为 5 ~ 6bar）。管道内壁的温升速度应控制在 5℃/min。这样在暖管开始阶段，管道只承受温度的变化而不承受压力的变化。当管壁温度升到低压暖管的蒸汽压力所对应的饱和温度时，可进行升压暖管，即逐渐提高蒸汽的压力和温度，直至额定参数。一般中参数汽轮机允许管道的温升速度为 5 ~ 10℃/min，高参数汽轮机不超过 3 ~ 5℃/min。暖管所需时间与管道长度、管壁厚度、管径大小、管子材料及蒸汽参数等因素有关。一般中参数汽轮机暖管时间为 20 ~ 30min，高参数汽轮机为 40 ~ 60min。

9. 启动过程中应投入哪些辅助设备？

为缩短机组的启动时间并保证正常启动，在暖管的同时应投入油系统、盘车装置、凝汽设备等辅助设备，并向轴封供汽。

10. 什么情况下可以冲动转子？

暖管结束后进行汽轮机冲动转子。冲动转子时应具备下列条件：

（1）转子轴颈的晃度在允许范围内；

（2）润滑油系统工作正常，油压正常，油温不得低于25℃；

（3）调节及保安系统静态试验正常；

（4）投入盘车后，向轴封供汽，以加快建立真空，真空应维持在450～550mm汞柱。

11. 如何冲动转子？

根据进汽方式的不同，可分为调节汽阀进汽冲转和自动主汽阀冲转。第一种方法可减少蒸汽的节流作用，但由于冲转时只开启部分调节汽阀，蒸汽只通过汽缸部分弧段，造成汽缸受热不均匀，膨胀不均。第二种方法冲转时，调节汽阀全开，避免了上述受热不均的问题，但主汽阀的阀芯易磨损，使主汽阀关闭不严，降低了自动主汽阀的保护作用。目前，对于喷嘴调节的汽轮机，常采用电动主汽阀的旁路阀冲转，可以避免上述两种方法的缺点。当转子冲动达500r/min时，应关小或关闭阀门，在低速情况下对机组进行听音等全面检查；当无异常状况时，方可再开大阀门，进行低速暖机。

12. 升速暖机时应监视并控制哪些指标？

升速暖机过程直接影响热应力、热变形、胀差及振动等情况。因此，升速暖机过程中应监视并控制以下指标。

（1）严格控制金属的温升率，即控制机组的升速速度。中参数机组可按每分钟5%～10%额定转速升速；高参数机组可按每分种2%～3%额定转速升速。升速时要监视汽轮机温度变化情况。

（2）严格控制汽轮机各部分的金属温度，主要有：上、下汽缸的温差、法兰内、外壁的温差、左、右法兰间的温差以及法兰、螺栓间的温差等，将热应力和热变形控制在允许范围内。

（3）监视汽缸膨胀及胀差的变化。

（4）严格监视汽轮机的振动。在升速过程中若发现有不正常的振动时，应降低转速，待振动消失后方可继续升速。若振动剧烈，应立即打闸停机，然后测量转子的晃度，若晃度不大，判断是因暖机不足所致，可再次启动暖机；若转子晃度较大，必须待转子静止后进行直轴，待转子晃度减小到允许值后，方可重新启动。各类汽轮机的各项控制指标，应根据其启动曲线进行控制。

13. 什么情况下可以并网和带负荷？

对柔轴转子（额定转速高于临界转速的转子），待中速暖机（1000～1400r/min）充分后，立即开大阀门，增大蒸汽流量，使转速迅速提高越过临界转速，进行高速暖机（2200～2400r/min）。这时蒸汽流量增加较快，汽轮机金属温度升高较快，各部件容易产生较大的温差，为防止因温差过大而引起金属部件热变形、热应力和振动，高压汽轮机的高速暖机约需30min以上的时间。当转速升到2800r/min左右，主油泵工作正常后，可根据油压情况，停止辅助油泵工作，并注意检查油压。当转速升高至调节系统投入工作时，即可全开主汽阀，此后控制同步器继续升速直至额定转速。然后全面检查各项监视指标。若均在正常范围内以及空转试验合格后，对于发电汽轮机，即应使机组迅速并入电网，带规定的低负荷。并网后的汽轮机不宜长时间在空负荷或较低负荷下运行，因此时蒸汽流量较少，不足以将汽轮机转子转动时因摩擦所产生的热量带走，使汽缸温度超过允许值。对于工业汽轮机可直接带负荷。汽轮机加负荷是一个增加进汽量和金属温度升高的过程，金属温升与负荷增大基本成正比关系。因此，必须严格控制加负荷的速度。中参数汽轮机大约每分钟增加4%～5%额定负荷；高参数汽轮机大约每分钟增加1%～2%额定负荷。

14. 汽轮机在额定参数下热态启动的特点是什么？

所谓热态是指汽轮机刚停机不久，汽缸和转子等部件的金属温度还接近于带负荷运行时的温度。与冷态汽轮机相比较，热态下的汽轮机具有以下特点：

（1）上、下汽缸存在温差；

（2）转子有热弯曲。

当上、下汽缸存在较大温差，转子具有较大的热弯曲时，启动汽轮机是相当危险的。因此，在热态下启动汽轮机应具备下列条件。

（1）转子晃度不允许超过规定值，为保证启动安全，一般转子的最大弯曲值不允许超过0.03～0.04mm。

（2）上、下汽缸的温差应在允许范围内。上、下汽缸温差过大会产生变形，存在转子与汽封片发生碰擦的危险。因此，上、下汽缸温差是限制汽轮机热态启动的主要因素。一般规定调节级处的上、下汽缸温差不得超过50℃。

（3）新蒸汽温度和再热蒸汽温度，应分别高于对应的汽缸金属温度50～100℃。

（4）胀差应在允许范围内。

与冷态启动相比，热态启动应注意以下问题：

（1）在盘车装置连续运行下，先向轴封供汽，然后抽真空。汽缸金属温度在150～300℃以内时，轴封用低温汽源，汽缸金属温度超过300℃时，应用高温汽源。

（2）为保证热态启动时不致发生冷却现象，启动后应尽快升速、并网、带负荷。从冲转到定速的时间一般仅5～10min，在冲到400～500r/min时，作好必要的检查，各部分正常后便可升到额定转速，及时并网，然后以每分钟增加5%额定负荷的速率增加到起始负荷。起始负荷是指在正常运行情况下，与热态启动汽轮机相同的汽缸温度所对应的负荷，可由该机冷态启动曲线查得。

15. 什么是滑参数启动？

所谓滑参数启动，就是汽轮机随新蒸汽参数的升高，逐步进行暖管、冲转、暖机、升速和带负荷。汽轮机采用额定参数启动时存在着启动时间长、金属温差大、汽水损失大和操作复杂等缺点，高参数大容量汽轮机用额定参数启动时上述缺点更为突出。因此，大型、高压、单元制汽轮机，一般均采用滑参数启动。

16. 滑参数启动对热力系统有何要求？

采用滑参数启动的汽轮机，对热力系统有下列要求。

（1）对于母管制供汽系统中的机组采用滑参数启动时，必须将该机组与母管解列，使滑参数启动的汽轮机与对应的锅炉连成一个整体，组成单元制新汽系统。

（2）应增设一条从电动主汽阀前至凝汽器的凝疏管。其作用是在滑参数启动中，将锅炉过热器中的积水和新蒸汽管内的疏水直接排入凝汽器，防止水进入汽轮机引起水冲击。

（3）采用滑参数启动的机组，在启动的低汽压阶段，由于蒸汽压力较低，无法保证汽动油泵、射汽抽气器、轴封系统和法兰螺栓加热装置等的正常用汽。因此，还应配置专门管路，从相邻运行的机组或新汽母管引来额定参数的新蒸汽供上述设备用汽。

17. 滑参数启动有什么优点?

（1）使机组启动时间大大缩短。滑参数启动在锅炉点火后就可以进行暖管，主汽阀前蒸汽参数达到冲转要求时即可冲转，以后暖机、升速可随汽温、汽压的提高同时进行。通过对 N100－8.826 型汽轮机组的试验表明，冷态滑参数启动时间约为冷态额定参数启动时间的 1/3～1/4。

（2）各金属部件加热情况合理，暖机效果良好。

（3）减少了汽水和热能损失，并使噪音大大减少。

18. 汽轮机停机可分哪几类?

汽轮机从带负荷的正常运行状态变为静止状态的过程称为汽轮机的停机。停机过程也即汽轮机各部件金属降温冷却的过程。按停机的情况不同，可分为正常停机和紧急停机，若根据电网调度或生产过程需要而停机为正常停机；若因电网或设备事故，机组不能正常运行而被迫停机为紧急停机或事故停机。正常停机又分额定参数停机和滑参数停机两种。

19. 额定参数下正常停机前应做什么准备?

停机前应做好高压辅助油泵及交、直流电动辅助油泵的各项试验，以及汽动油泵的低转速试验。对设有顶轴油泵的汽轮机，需做好顶轴油泵试验以及做好盘车装置的试验等，并使上述设备均处于备用状态。此外还应确认主汽阀动作灵活可靠。

20. 在减负荷过程中应注意什么问题?

减负荷应按操作规程进行，在减负荷过程中应注意下列问题。

（1）严格控制金属温差变化及温度下降速度。一般要求金属温度下降速度不超过1.5℃/min，必须在减一定负荷后停留一段时间，使汽缸及转子温度均匀下降。

（2）注意汽缸与转子负胀差的增大。因为汽缸具有宽而厚的法兰，转子相对较轻，因此转子冷却收缩较汽缸快，在减负荷时容易造成负胀差增大。一旦出现负胀差增大的情况，应停止减负荷，维持一段时间，待负胀差减小后，再以适当速度减负荷。

（3）不宜在低负荷及空负荷情况下停留时间过长，因此时调节汽阀节流较大，引起蒸汽温度大幅度下降，使汽缸热应力增大。

在减负荷的各阶段，还应进行必要的系统切除及停用有关辅助设备（除氧器、高压加热器、低压加热器等），应维持及调整轴封供汽和凝汽器水位。

21. 停机过程中应注意哪些问题？

（1）在停机过程中，凝汽器应维持一定的真空，使汽缸内积水在低压下蒸发，干燥汽缸内部，减少停机后对汽缸金属的腐蚀。停机过程中不能过早停止抽气器和停止向轴封送汽。通常在转速下降到额定转速的1/3以后时，才可停止抽气器或逐渐开启真空破坏门，当转速降到零时真空也降为零，并停止向轴封供汽。

（2）当转子完全静止后，应立即投入盘车装置，使转子继续转动。高压机组应连续盘车到汽缸温度降至250℃以下时，才停止盘车。连续盘车停止后，每隔0.5h或1h将转子转动180°，直到汽缸温度降到150℃以下。

（3）转子停止后，辅助油泵仍应继续运行，因为这时汽轮机各金属部件温度仍较高，必须有足够的润滑油去冷却轴承。在辅助油泵运行期间，冷油器也需继续运行，保持油温不高于40℃，轴承出口油温低于40℃后方可停运冷油器。

（4）停机后，热力系统仍有部分余汽和疏水排往凝汽器，为防止凝汽器内温度过高，此时循环水泵应继续运行，当排汽缸温度下降至50℃以下后，可停运循环水泵。当射汽抽气器及轴封冷却器停止工作，并确认无蒸汽和疏水进入凝汽器后，方可停运凝结水泵。

22. 什么是滑参数停机？

在停机过程中，保持调节汽阀全开，采用逐渐降低新蒸汽压力和温度的方法进行减负荷，最终实现停机的方法为滑参数停机。它适用于单元制供汽系统的机组，对于母管制供汽系统的汽轮机，必须将系统切换为单元制后方可采用。

23. 滑参数停机有何优点？

与额定参数停机相比较，滑参数停机有下列优点：

（1）在相同负荷下，滑参数停机蒸汽流量较大，且是全周进汽，对汽缸冷却均匀，因此热变形和热应力较小；

（2）滑参数停机过程中新蒸汽参数逐渐降低，因此停机后的汽缸温度较低，有利于提前检修；

（3）滑参数停机可减少停机过程中的能量和汽、水损失，并可减少放水、通风以及汽轮机润滑油泵、盘车装置等辅助设备的运行时间。

（4）滑参数停机过程中，蒸汽参数降低对喷嘴和叶片有清洗作用。

24. 滑参数停机过程中应注意哪些问题？

滑参数停机过程中主要要防止金属部件产生过大的热变形、热应力和胀差，应注意下列问题。

（1）停机过程中，必须保持新蒸汽始终有50℃的过热度，这样可以保证蒸汽不带水，防止因发生水冲击而使推力轴承超载。若过热度低于50℃，应开启凝疏门和导管疏水门。

（2）控制蒸汽压力、温度降低的速度，以免引起金属部件过大的温差。滑参数停机过程中，新汽的平均降温速度应控制在每分钟1～2℃以内，平均降压速度控制在每分钟0.2～0.3bar以内。当蒸汽温度低于高压缸上缸内壁温度30～40℃时，应停止降温。

（3）在负荷较高时，蒸汽温度，压力的降低速度可较快；降至较低负荷时，汽温、汽压的降低速度应减慢，以保证金属温度的平稳变化。

（4）在滑参数停机过程中，不得进行汽轮机的超速试验。

（5）当新汽温度低于法兰内壁金属温度时，投入法兰螺栓加热装置。可使用本机组滑参数的新蒸汽作汽源，也可用低压汽源，保证加热箱汽温低于法兰金属温度。法兰加热装置可以一直使用到打闸停机。

25. 什么情况下应紧急故障停机？

（1）汽轮机的转速升高超过危急保安器动作范围（通常是超过额定转速的112%），而危急保安器未动作；

（2）汽轮机转子轴向位移或胀差超过规定的极限值；

（3）油系统油压或主油箱油位下降超过规定数值；

（4）润滑油回油温度或任一轴承温度快速上升，并超过规定的数值；

（5）凝汽器真空迅速下降，并超过规定数值；

（6）主蒸汽温度突然升高或降低，且超过规定的数值；

（7）汽缸内部有明显的金属碰擦、撞击或其他不正常的声音；

（8）主轴承或端部轴封发生火花或冒浓烟；

（9）汽轮机发生剧烈振动；

（10）供油系统着火；

（11）主蒸汽管道、主凝结水管道、给水管道、抽汽管道及油系统管道等附件发生破裂、严重泄漏时；

（12）加热器、除氧器等压力容器的压力超过极限值且无法降低时，或压力容器发生破裂、泄漏；

（13）发电机故障。

26. 紧急停机时应如何操作？

紧急停机时，应按下列操作程序进行：

（1）手打危急保安器，使自动主汽阀、调节汽阀及抽汽逆止阀全部迅速关闭，切断进入汽轮机的所有蒸汽通道，并检查确认上述各汽阀已关闭严密；

（2）对于并网运行的发电机组应向主控室发出“机器危险”信号，收到“解列”信号后，检查转速是否下降；

（3）启动辅助油泵向轴承供润滑油；

（4）需要破坏真空的紧急停机，应停止抽气器并开启真空破坏门破坏真空，增加叶片鼓风作用使转子迅速停止；

（5）当因汽轮机进水而紧急停机时，应打开全部疏水阀门加强疏水；

（6）将事故报告有关部门。

其他按正常停机进行操作。

27. 什么情况下需要破坏真空紧急停机？

遇到下列情况应破坏真空紧急停机。

（1）机组突然发生强烈振动且无法排除；

（2）汽轮机转速已超过极限值而危急保安器不动作；

（3）机组内发出金属响声；

（4）发生水冲击时；

（5）机组任何一个轴承断油、冒烟或轴承出口油温急剧升高超过70℃时；

（6）轴封内发生火花时；

（7）新蒸汽和给水管道破裂无法继续运行时；

（8）轴向位移和推力瓦块温度突然超过极限数值时；

（9）供油系统失火无法迅速扑灭时；

（10）油箱油位下降到最低油位以下且无法迅速恢复时；

（11）润滑油压下降到极限数值以下，启动辅助油泵后仍不能恢复到正常值时；

（12）发电机或其他从动机（汽轮机所驱动的泵或压缩机等）发生严重故障而不能迅速排除时。

28. 汽轮机正常运行中的主要监视项目有哪些？

汽轮机运行中除必须监视蒸汽温度、压力和真空外，还应监视监视段压力、轴向位移、热膨胀和胀差、振动和声音以及供油系统等。

29. 运行中为什么必须注意监视段压力的变化？

在不同的运行方式下，监视段压力的变化，可以说明机组安全运行的情况，也反映机组运行的经济性。对于凝汽式汽轮机来说，监视段的压力与流量成正比，因此在正常运行情况下，一定的负荷对应有一定的监视段压力，在额定负荷时，监视段压力不应超过额定值。所以，注意监视段压力也即监视汽轮机负荷的大小。此外，监视段压力还可用来监视通流部分的结垢情况。同一流量下，若监视段压力提高，表明监视点后面结垢，当监视段压力提高5%～15%以上时，轴向推力将增加到危险程度。监视段压力的变化一般允许为：中压汽轮机——15%；高压汽轮机——5%，超过此范围应进行清洗。

30. 轴向位移指的是什么？

轴向位移是指汽轮机转子在轴向推力作用下，承受轴向推力的推力盘、推力瓦块、推力轴承等弹性变形和油膜厚度变化的总和。

31. 轴向位移的极限值是根据什么确定的？

为保证汽轮机动、静部件不发生碰擦，必须保证轴向位移在极限值以内。轴向位移的极限值是根据各个机组动、静部分的最小轴向间隙而确定的。对于动叶与隔板的最小轴向间隙为 1 ~ 1.5mm 的机组，其极限轴向位移不得超过 0.8mm。

32. 运行中对轴向位移的监视应注意什么？

轴向推力增大，使推力盘与推力瓦块乌金之间的摩擦力增大，引起推力轴承出口油温和推力瓦块乌金温度升高；轴向位移过大时，会使油膜破裂而发生推力瓦块损坏的严重事故。因此，轴向位移的大小，既表明汽轮机转子在轴向推力作用下的串轴量，也即通流部分动、静部分轴向间隙变化的情况，同时也反映推力轴承的工作情况。故在监视轴向位移时，应注意推力瓦块的温度。大、中型汽轮机都装有推力轴承工作瓦块温度指示仪表和轴向位移自动保护装置，且规定了轴向位移的极限值及推力瓦块温度的极限值。运行中发现推力瓦块温度升高和轴向位移增大时，应仔细倾听汽轮机内部有无异音和轴封是否发生碰擦，一旦轴向位超过极限数值或推力瓦块温度高于极限值时，应紧急事故停机。

33. 热膨胀指示器和胀差指示器是用来监视什么的？

运行中的汽轮机，当负荷变化速度过快，或新蒸汽的温度突然发生变化时，汽缸和转子的热膨胀也将随之变化。如果两者热膨胀不均匀，胀差变大甚至超过极限值，将造成动、静部分的摩擦。为监视汽轮机的热膨胀情况，汽轮机上装有汽缸热膨胀指示器，大型机组还装有胀差指示器。热膨胀值和胀差是运行中主要控制指标之一，应注意监视和控制。

34. 运行中为什么要监视振动和声音？如何监视？

汽轮机在正常运行中，有一定程度的振动。若振动增大，表明设备发生了缺陷或运行不正常，因而必须注意监视。汽轮机振动过大，可能使轴封处动、静部分发生摩擦，引起主轴局部受热而产生永久变形；使叶片、叶轮等转动部件损坏；使螺栓等紧固部件松动；振动严重时还会导致轴承、汽轮机基础、管道甚至整个机组损坏。为保证安全运行，机组的振动必须保持在允许范围内，对于转速为3000r/min 的机组，振动的最大值不允许超过 0.05mm。运行中，应使用振动表和听音棒定时测定和监听各轴承的振动值和转动部分的声音，当机组启动或负荷变化较大时尤应加强检查。听音部分主要是轴承、轴封和主油泵等处。听音的目的是为了发现汽轮机内部动、静部分是否出现摩擦和碰撞，若发现有明显的金属声，应紧急停机。

35. 运行中为什么要监视供油系统？

供油系统的运行情况直接关系着整个机组的安全运行。它的故障可能引起轴承烧毁、调节系统失灵使负荷无法控制。因此运行中必须保证供油系统的正常运行，以保证连续地供给机组轴承润滑油及调节系统用油。供油系统监视包括主油泵、油管道、油箱油位、轴承进、出口油温、调节油及润滑油油压、油质、各轴承的回油情况及冷油器工作情况等。

36. 油压过高或过低有何影响？如何处理？

油压过高可能引起供油系统泄漏甚至破裂，造成油系统失火事故；油压过低会使轴承油量不足或断油，无法保证正常油膜，还会造成调节系统工作失常。引起油压降低的主要原因是主油泵工作失常、注油器故障、减压阀弹簧调整不当或油系统漏油等。当油压降低到规定的最低值时，应立即启动辅助油泵，检查并排除油压降低的原因，无法排除时应紧急停机。大、中型机组都装有低油压自动保护装置。

37. 运行中对油温有什么要求？如何控制？

运行中油温过高会加剧油的氧化作用，同时会降低油的粘度，使油膜厚度减小，甚至使油膜破坏；油温过低，油的粘度过大，造成油膜不稳定，引起振动。运行中通过调整冷油器的冷却水流量，控制轴承进口油温为35～45℃。轴承进出口油的温差应在10～15℃之间。如果运行中油温升高，应检查润滑系统、冷油器或化验油质有无变化。若轴承出口油温急剧升高超过70℃时，应紧急事故停机。

38 运行中对油箱油位有什么要求？

运行中油箱油位应在正常范围内，以保证供油系统有足够的油量。油位过低，表明油量减少，油箱内的杂质容易进入供油系统，甚至造成主油泵断油而引起烧瓦事故。运行中若发现油位下降，应立即检查油系统各部件找出油位降低的原因，消除漏油，并补充新油，若油位持续下降无法解决时，应紧急事故停机。

39. 对冷油器的工作应监视哪些项目？

运行中主要应监视冷油器进、出口的水温和油温。当冷却水的温度和压力不变而冷油器出口油温与出口水温的差值增大时，表明冷油器的冷却表面污脏应进行清洗；若冷却水进出口温差增大，而出口水温与出口油温相差不多，表明冷却水量不足，应增大冷却水流量。冷油器不得在冷却水压高于油压情况下工作，否则，铜管胀口松弛或管子破裂时会造成冷却水漏入油中。

40. 汽轮机通流部分为什么会结垢？结垢有什么危害？

进入汽轮机的新蒸汽，总会携带一些盐分。这些盐分分为溶于水的钠的化合物和不溶于水或难溶于水的硅、镁、钙等的化合物两类。蒸汽在汽轮机内膨胀作功时，参数降低，携带盐分的能力逐渐减弱，蒸汽在通流部分内的流动方向及速度经多次改变，盐分就被分离出来，紧紧地粘附在喷嘴、动叶和汽阀等通流部分的表面上，形成一层盐垢。不同参数的汽轮机，各级结垢情况不同，在通流部分表面结垢的物质也不一样。中参数汽轮机，由于蒸汽中所含盐分与炉水盐分差不多，主要是溶于水的盐垢，且几乎分布于各压力级。高参数汽轮机多为不溶于水或难溶于水的盐垢，高压段各级由于蒸汽参数高，结垢很少；中、低压各级结垢增多；最末几级在湿蒸汽区工作，有湿蒸汽的冲刷作用，基本上不结垢。汽轮机通流部分结垢后，将使汽流的流通面积减小，若维持各级压力不变，则流量将减小，使汽轮机发出的功率减少。若要保持其功率不变，则必须提高新蒸汽的压力，这必将引起结垢级的压降增大，焓降增大，使反动度增大，轴向推力增大；结垢还会使通流部分表面变得粗糙，增大摩擦损失。若在汽阀阀杆上结垢会引起卡涩，可能导致汽轮机发生严重事故。运行中根据监视段压力升高的情况，判断通流部分结垢的程度。当监视段压力超过规定的极限值时，应对通流部分进行清洗。

41. 清洗汽轮机通流部分的方法有哪几种?

汽轮机通流部分的清洗方法有：

（1）停机后检修时清洗；

（2）滑参数启动或停机过程中清洗；

（3）正常运行中带负荷清洗。

42. 什么是汽轮机的带负荷清洗?

实践证明，在湿蒸汽区工作的汽轮机最后几级基本上不结垢或很少结垢，而在过热蒸汽区工作的汽轮机级结垢较严重。如果在汽轮机带负荷运行时，使锅炉降低新蒸汽的参数，或利用新汽管道上的减温减压装置降低新汽的参数，使进入汽轮机第一个结垢级的蒸汽有2%的湿度，利用湿蒸汽作功的同时，冲刷结垢的通流部分，将盐垢溶解，这就是汽轮机通流部分的带负荷清洗。带负荷清洗的实质就是使通流部分结垢的级在湿蒸汽区内工作。

43. 带负荷清洗应注意哪些问题?

新蒸汽参数降低越多，处于湿蒸汽区工作的级越多。所以，带负荷清洗时，首先要根据通流部分结垢分布情况，选择适当的新蒸汽压力和温度，使汽轮机结垢的级处于湿蒸汽区内工作。

带负荷清洗时，应先将机组负荷减小，使之与降低参数后新蒸汽所能发出的功率相适应，然后再降低新汽的压力与温度。采用母管制供汽的汽轮机，应采用专门的清洗装置使该汽轮机与供汽母管分离；对于单元制的汽轮机，可直接通过锅炉降压、降温的方法进行清洗。

汽轮机从正常运行状态转为带负荷清洗，运行工况发生较大变化，操作稍有不当，直接影响机组的安全运行。因此，在带负荷清洗时除必须密切监视胀差、轴向位移、振动和温度等参数的变化外，还应注意下列问题。

（1）控制新蒸汽温度的降低速度。过大的降温速度，将引起负胀差过大，造成汽缸和管道法兰漏汽并在汽缸法兰等部件中产生过大的热应力。为保证各金属部件温度变化均匀，新汽的降温速度应控制在1℃/min左右。若降温过程中出现汽缸和管道法兰漏汽或振动加剧，应立即停止降温，并适当提高温度15～20℃，停留一段时间，待上述现象消失后，再缓慢降温。

（2）控制蒸汽流量。过大的蒸汽流量将引起汽轮机轴向推力过大。带负荷清洗时的蒸汽流量不应超过额定流量的20%～25%。

（3）控制新蒸汽的参数。带负荷清洗吐新蒸汽的压力不宜过低，并应有20～25℃的过热度。

（4）负荷及减温水压应稳定、给水回热加热器仍处于运行状态，以便及时排除汽缸凝结水，保证清洗效果。

通流部分所结盐垢是不溶于水的物质时，可用碱性溶液进行清洗。用浓度为8%～10%的苛性钠或苛性钾溶液作减温水，在机前喷入蒸汽中，并将蒸汽温度降至规定的最低温度，送入汽轮机进行清洗。碱洗前应先进行湿蒸汽清洗。清洗过程中的凝结水排入地沟，同时补充合格的软化水。清洗过程中化验凝结水的硬度，当凝结水的硬度由增大再降至合格时，可认为盐垢已被清洗干净。若是碱洗完毕，为避免腐蚀，应再用湿度为2%～3%的湿蒸汽将通流部分清洗干净。

44. 凝汽器运行中应经常监视哪些项目？

凝汽器运行中应经常监视：

（1）凝汽器的真空是否为最有利值；

（2）凝结水的过冷度大小；

（3）凝结水的品质是否合格。

45. 凝汽器真空度过低或过高有何影响？

凝汽器的真空过低，即汽轮机的排汽压力提高，这不仅减小汽轮机的功率，降低装置的经济性，且由于排汽压力、温度高于设计值，使汽轮机排汽部分及凝汽设备运行的安全性受到影响。

凝汽器真空过高，即汽轮机排汽压力降低，虽然汽轮机的功率有所增加，但汽轮机的排汽压力并非越低越好，这是因为：

（1）蒸汽在级内膨胀有一个极限背压，低于这个极限背压，蒸汽将在级后发生突然膨胀，只能增加汽轮机的损失；

（2）背压降得太低，蒸汽的容积流量变得过大，使排汽速度过大，流动损失加大；

（3）真空过高若是因循环水流量加大而造成，则循环水泵的运行费用加大；

（4）真空过高时，凝汽设备的压力低于设计值，会使空气漏入量增加，加大抽气器的负荷。

因此，汽轮机运行时应保持最有利的真空度。

46. 引起凝汽器真空降低的因素有哪些？

运行中，引起凝汽器真空下降的主要原因有：

（1）凝汽器铜管污脏，使传热恶化；

（2）凝汽器内积聚空气；

（3）循环水量不足或循环水进口温度过高。

在运行中，可根据具体现象来分析、查找真空下降的原因。

（1）端差 δt—汽轮机排汽温度与循环水出口温度之差。δt 的大小说明凝汽器中传热情况是否良好。δt 与凝汽器单位冷却面积的蒸汽负荷、铜管表面污脏程度及真空系统严密性有关。正常情况下，δt 越小，表明凝汽器运行状况越好；若真空系统严密、抽气器工作正常时，δt 值增大，表明凝汽器污脏，应对凝汽器进行清洗。一般端差 δt 应在 3 ~ 10℃ 范围内。

（2）循环水温升 Δt：当负荷不变，Δt 增大时，表明循环水量不足。Δt 增大必将引起排汽温度升高，真空下降，此时应增大循环水流量。运行中一般维持 Δt 在 5 ~ 7℃ 范围内。

47. 凝结水过冷有何不好？引起凝结水过冷的原因是什么？

理论上说，凝汽器中凝结水温度应等于排汽压力对应的饱和温度，也即排汽温度，但实际运行中凝结水温度往往低于排汽温度，即凝结水过冷。凝结水过冷一方面使回热加热所需热量增加，降低机组热经济性；另一方面会使凝结水含氧量增加，增大除氧器的负荷并加剧凝结水系统中各设备的腐蚀。

引起凝结水过冷的原因是：凝汽器铜管布置过密或排列不当，凝汽器水位过高淹没了部分铜管，以及真空系统不严密或抽气器工作不正常使凝汽器内积存空气，导致凝汽器的总压力大于蒸汽的分压力，凝结水温度就低于凝汽器总压力对应的饱和温度，产生过冷现象。也可能由于流动阻力或凝汽器上部冷凝的凝结水与下部冷却水管相接触而再次被冷却，造成凝结水过冷。

48. 运行中对凝结水质有何要求？

运行中凝结水的硬度、溶解氧和电导率等应符合表 7 – 1 规定。

表7-1　汽轮机凝结水的质量标准

锅炉压力/MPa	硬度/(μmol/L)	溶解氧/(μg/L)	电导率(经氢离子交换后，25℃)/(μS/cm)	二氧化硅/(μg/L)	钠/(μg/L)
12.7~15.6	≤2.0	≤40	≤0.3	应保证炉水质量	≤10
15.7~18.3	—	≤30			

在正常运行中凝结水水质变坏，主要是循环水漏入凝汽器汽侧造成的。循环水的压力高于汽侧压力，若管板胀口不严、铜管破裂或穿孔时，循环水就会漏入汽侧凝结水中，使凝结水水质变坏。如果凝汽器渗漏不严重，只是一些细小的针孔，可不必停机，可在循环水中渗入少许锯末，木屑被汽侧真空吸住堵住小针孔。若严重漏泄，应立即查明原因，采取相应的解决措施。

49. 为什么要对凝汽器进行清洗?

由于循环水含有大量杂质，运行中会使凝汽器铜管或管板污脏结垢，使凝汽器传热情况恶化，引起汽轮机真空下降，影响机组运行的经济性和安全性。因此，必须对凝汽器进行清洗。根据凝汽器结垢情况，可在停机后采用钢丝刷、毛刷、钻头、压力水等方法清洗，也可用化学方法清洗，也可在不停机情况下对凝汽器进行清洗。

50. 清洗凝汽器的方法有哪几种?

清洗凝汽器的方法有：胶球清洗；用毛刷清洗；喷枪清洗；化学清洗；半面清洗；高压射流清洗；反冲洗及通风干燥清洗等。

51. 如何进行通风干燥法清洗凝汽器?

通风干燥的具体操作方法是：减去一部分负荷并维持排

汽温度在50～60℃，然后将对分式凝汽器的半侧停用，打开该侧水室人孔门，用风扇强制通热风，使铜管内的污垢因受急剧干燥而发生龟裂，用低压水冲去，然后恢复运行。再对凝汽器的另半侧用同样方法清洗。这种方法适用于清洗管内的软垢，但需较长时间。对硬垢清洗效果较差。

52. 如何进行反冲洗？

反冲洗就是利用循环水在凝汽器铜管内反向流动来清除凝汽器铜管和水室中的杂物和污垢。适用于凝汽器内结有软垢的情况。反冲洗系统需要将循环水路稍加改装。进行反冲洗的凝汽器应先适当减负荷。反冲洗时凝汽器半侧正常运行，另半侧进行反冲洗，使循环水以相反方向通过凝汽器的半侧，可将堵塞和淤积在循环水入口管板处的杂物泥沙等冲走。清洗完毕后恢复正常运行状态，再冲洗另半侧。这种方法操作简单，清洗效果较好，在直流供水系统中得到广泛应用。

53. 什么是胶球清洗法？

胶球清洗法的原理是将密度与水接近的小球放在循环水中，循环水流动时带动小球迫使其连续通过凝汽器铜管，小球不断地碰撞和摩擦管壁，使粘附在管内壁上的污垢掉落，达到清洗目的。这种清洗方法简单、操作方便、效果良好，有利于提高机组运行经济性，实现不停机清洗凝汽器，目前已被广泛采用。

若采用硬质胶球清洗，其直径应比凝汽器铜管内径小1～2mm；若用海绵球清洗，其直径应比铜管内径大1～2mm，胶球的密度应尽量接近于水的密度。在循环水温度较高时，胶球不应发生粘结现象。胶球还应具有较好的耐磨性及球上附着污物后能自行脱落的性能。实践证明，用海绵球清洗的效果较为显著，目前使用较多。

54. 什么是凝汽器的半面清洗？

对分制凝汽器可在不停机的表况下停用一半运行一半，对停用的一半进行清洗，称为凝汽器的半面清洗。凝汽器的半面清洗应在汽轮机低负荷下进行，并做好预防增加负荷的措施。在清洗过程中要严格注意凝汽器内真空的变化情况，如发现真空急剧下降应立即恢复机组的正常运行状态，并寻找原因及时消除。

55. 什么是高压射流清洗法？

高压射流清洗是近几年发展起来的一项新技术，将低压清洗经高压射流泵升压后，输入高压软管，由喷管上的射流孔将高压水流转变成高速水流即高压射流，来冲刷凝汽器冷却水管内表面的污垢。利用这种方法清洗凝汽器的效果显著，它具有清洁度高、工期短、无腐蚀、无污染、操作方便、费用低等优点，因而得到更多的应用。

56. 运行中如何检查凝汽器铜管的泄漏？

运行中对凝汽器查漏的主要方法有烛火法和薄膜法。

（1）烛火法　降低负荷，停用一半凝汽器。将铜管的一端用橡皮塞堵严，另一端不封。然后用蜡烛火焰逐个靠近铜管的管口。由于凝汽器的汽侧保持真空状态，如果铜管有泄漏处，烛光火焰就会被吸向管口，由此可判断泄漏的铜管。

（2）薄膜法　其原理与烛火法相同。停用半侧凝汽器后，在两侧管板上贴上沾水的尼龙薄膜。由于汽侧为真空状态，因此，泄漏铜管的管口处薄膜被吸成凹状，由此可查出泄漏的铜管。

57. 运行中应如何保证汽轮机的经济性？

为了降低汽轮机的汽耗、提高运行经济性，除应保证检修质量、运行中设备保持良好的状态外，还必须有合理的运行方式，主要应注意下列问题：

（1）维持额定的蒸汽参数，使新汽参数不超过规定的波动范围；

（2）保持最有利的排汽真空；

（3）充分利用加热设备，最大限度提高给水温度；

（4）尽量降低厂用电消耗；

（5）减少新汽的压力损失；

（6）保持汽轮机的最佳效率；

（7）保持最小的凝结水过冷度；

（8）注意汽轮机负荷的经济分配；

（9）根据监视段压力判断通流部分的结垢状况，并根据结垢的严重程度和结垢性质，采取适当的清洗方法及时进行清洗，以保持通流部分的清洁；

（10）减少轴封漏汽损失。

58. 如何保持最有利的真空？

为了提高汽轮机运行的经济性，应使汽轮机在最有利的真空下工作，此时汽轮机的汽耗与循环水泵耗电量折合成蒸汽量之和为最小。实际运行中的普遍现象是真空偏低，达不到最有利真空值，在夏季尤为突出。因此，提高汽轮机的真空，尽可能达到最有利真空值是经济运行中值得注意的一个重要问题，可采取下列主要措施。

（1）降低循环水温度。循环水温度在22℃时，每降低水温1℃，真空约可提高0.3%，可节约燃料0.3%～0.5%。对于循环供水的系统，应采取措施提高冷水塔和冷却水池的效率。

（2）增大循环水量。增大循环水量可使循环水出入口温差降低。增大循环水量的主要措施是，降低管道阻力、提高循环水泵的出力。

（3）保持凝汽铜管清洁，提高冷却效果。

59. 汽轮机运行中应进行哪些试验？

在汽轮机启动、停机及正常运行中，为了检验运行设备所处状态是否良好以及备用设备是否可靠，需要进行以下试验。

（1）各种泵的联动试验

各种泵的联动试验应在设备大修后或运行中定期进行。包括给水泵、循环水泵、凝结水泵、疏水泵、辅助油泵等。试验目的是检查各种泵联动的可靠性，保证运行泵突然发生故障时能够联动备用泵。

（2）低油压联动试验

该试验是指交、直流电动润滑油泵及盘车装置的联动试验。试验目的是：检查当润滑油压降至规定数值时，交、直流电动润滑油泵及盘车装置的联动情况是否符合要求。

（3）真空严密性试验

真空严密性试验的目的是检查真空系统的严密性。试验应定期进行，并在相同负荷下测定，以便比较试验结果。

（4）调节系统的试验，具体内容见第六章。

60. 主蒸汽参数变化有哪些原因？

一般主蒸汽压力的变化是锅炉出力与汽轮机负荷不相适应的结果。而主蒸汽温度的变化，则是锅炉燃烧调整、减温水调整、直流炉燃水比不当、汽包炉给水温度因高压加热器运行不正常发生变化等所致。主蒸汽参数发生变化时，将引起汽轮机功率和效率的变化，并且使汽轮机通流部分的某些部件的应力和机组的轴向推力发生变化。汽轮机运行人员虽然不能控制汽压、汽温，但应充分认识到保持主蒸汽初参数合格的重要性，当汽压、汽温的变化幅度超过制造厂允许的范围时，应要求锅炉恢复正常的蒸汽参数。

61. 汽轮机空负荷运行时排汽温度为什么会上升？

（1）空负荷运行时由于蒸汽节流作用，使排汽温度升高。

（2）由于空负荷运行，汽轮机不做功，进入汽轮机的蒸汽量很小，这少量的蒸汽被高速旋转的叶轮撞击扰动形成一种鼓风作用，这种机械撞击和鼓风作用像摩擦生热一样产生热量，被蒸汽吸收，使排汽温度升高。

由于以上两个原因，因此空负荷运行时排汽温度会升高。

62. 运行中对循环水（冷却水）的处理方法有哪几种？

在汽轮机凝汽器循环水侧，由于水质不良，常常会生成硬的无机盐垢或软的有机性水垢，附着在铜管内壁。凝汽器水侧生了水垢，会恶化凝汽器的传热条件，也使循环水的通流面积减小，增加管路阻力，致使凝汽器真空度降低，因而影响电厂的热经济性，甚至妨碍汽轮机的正常运行。所以，防止凝汽器内水垢的产生，是保证机组经济性和可靠运行的一个重要环节。

防止无机盐垢生成的处理，分别采用排污、加磷酸钙、加酸和通入炉烟等方法。凝汽器中有机垢的生成，主要是由于微生物寄居在凝汽器铜管上生存和繁殖的结果。所以，要消除这些有害物质的方法，就是用有毒的物质杀死这些微生物。常用的方法有加漂白粉、氯气、硫酸铜或其他有毒药品。漂白粉就是将氯气通入石灰乳的产物，所以用漂白粉和氯气处理的作用完全是一样的，只是用漂白粉比较安全，它不像氯气那样容易使人中毒，操作起来比较方便。由于氯化处理会放出对人体有害的气体氯，所以在有些情况下还有采用硫酸铜处理的。

63. 循环水的温升是什么原因?

循环水的温升是对凝汽器冷却水入口与出口温度而言的。冷却水的温升与冷却水量有很大的关系。当排入凝汽器的蒸汽量一定时，若凝汽器中冷却水的温升增加，则说明冷却水量不足，从而引起冷却水出口温度升高，真空下降。冷却水不足的原因主要是循环水泵出力不足或水阻增加。而水阻增加的主要原因是由于铜管堵塞、循环水泵出口或凝汽器进口门开度不足等。

第八章　汽轮机的变工况

1. 什么是汽轮机的变工况？

每一台汽轮机都是根据一定的条件设计的，例如给定的新蒸汽压力和温度，排汽压力及转速。当汽轮机在设计条件下工作时，不仅效率最高，而且安全可靠。但是由于各种原因，汽轮机总有可能在与设计条件不同的情况下工作，这种与设计条件不相符合的运行情况称为汽轮机的变工况。

2. 造成汽轮机变工况运行的原因有哪些？

造成汽轮机变工况运行的主要原因有：

(1) 用户所需电(热)负荷的变化，使汽轮机的蒸汽流量及抽汽量发生变化。

(2) 锅炉运行工况的变化，使进入汽轮机的蒸汽温度、压力偏离设计值；凝汽设备工作情况变化使真空偏离设计值。

(3) 汽轮机本身的变化，例如通流部分结垢，拆去某级隔板或叶片折断等改变了通流部分面积。

汽轮机在变工况下运行时，不仅效率降低，而且各零部件的受力情况也不同于设计工况。因此，汽轮机工作的经济性和安全性均受到影响。

3. 汽轮机负荷变化时，汽轮机各级级前压力如何变化？

汽轮机在超临界和亚临界状态下工作时，其变工况特性不同。

(1) 若某级在变工况前后均在超临界状态(不论喷嘴或

动叶达到临界状态，其出口压力与进口压力之比小于临界压力比）下工作时，则通过该级的流量只与级前的蒸汽参数有关，而与级后的压力无关，即 $\frac{G_1}{G_0}=\frac{p_{01}}{p_{01}}\sqrt{\frac{T_0}{T_{01}}}$。可近似地认为，通过该级的流量与级前压力成正比。因此，负荷增加时，通过该级的流量增大，级前压力升高；负荷降低时，级前压力下降。

（2）若某级在变工况前后均未达到临界状态（无论在喷嘴或动叶中均未达到临界状态）时，通过该级的流量与级前、级后的参数符合椭圆方程，即通过该级的流量与级前、级后压力平方差的平方根成正比，与级前蒸汽绝对温度的平方根成反比，即

$$\frac{G_1}{G_0}=\sqrt{\frac{p_{01}^2-p_{21}^2}{p_0^2-p_2^2}}\sqrt{\frac{T_0}{T_{01}}}$$

式中 G_0，G_1——设计工况及变工况时通过该级的蒸汽流量；

p_0，p_{01}——设计工况及变工况时该级级前蒸汽压力；

p_2，p_{21}——设计工况及变工况时该级级后蒸汽压力；

T_0，T_{01}——设计工况及变工况时该级级前蒸汽的绝对温度。

4. 汽轮机负荷变化时，汽轮机各级的焓降如何变化？

当工况变动不大时，可忽略进口蒸汽绝对温度的变化，则级的理想焓降只与级的出口压力 p_2 与进口压力 p_0 之比值 p_2/p_0 有关。p_2/p_0 越小，则级的理想焓降越大；p_2/p_0 越大，级的理想焓降越小。由流量相同的若干个相邻级串联成的级组内，若有某级在变工况前后均达到临界状态，则通过该级的流量（也即级组的流量）与该级前所有级的初压成正比，

包括与级组前的压力成正比，进一步可得出该级前各级的压力比在变工况前后相同，则该级前各级的理想焓降在变工况前后保持不变。这一结论不适用于凝汽式汽轮机的末级，因为末级的级后压力在变工况时变化不大，而末级的级前压力随流量而变化，因此，末级的压力比是变化的，焓降也是变化的。

若级组在变工况前后均未达到临界状态，级的理想焓降将随流量而变化，流量减少时，级的理想焓降减小；反之，流量增加时，级的理想焓降增大。若所讨论的级越靠近末级，则流量变化对焓降的影响越大。

5. 汽轮机变工况时，汽轮机各级的反动度如何变化？

汽轮机变工况时，级的反动度随其焓降的变化而变化。变工况时，如果级的焓降减小，则级的反动度变大；反之，若级的焓降增加，则其反动度变小。当流经级组的流量变化时，级组最末级的焓降变化最大，因此最末级的反动度变化也最大；级组中间各级的焓降变化不大，这些级的反动度变化也不大。设计工况下反动度较小的级，变工况时反动度的变化较为显著；反之，设计工况下反动度较大的级，变工况时反动度的变化较小。因此，冲动级常采用0.05～0.10的反动度，以免在变工况时出现负反动度(在动叶栅内出现压缩现象)。而反动式汽轮机在变工况时，反动度变化不大，具有较好的变工况性能。

6. 汽轮机变工况时，轴向推力如何变化？

汽轮机在运行中，负荷及蒸汽参数的变化会引起轴向推力的变化。变工况下轴向推力的变化取决于汽轮机的型式、配汽方式、转子的结构等因素，这里只讨论负荷变化对轴向推力的影响。汽轮机轴向推力的变化主要取决于各级叶轮前后压力差的变化。凝汽式汽轮机各中间级动叶前、后的压力差与流量是成正比变化的，因而其轴向推力也随流量增大而增大，其最大轴向推力将发生在最大负荷时。背压式汽轮机调节级轴向推力的变工况特性与凝汽式汽轮机相同，而其后面的压力级在变工况时，因级前、级后压力与流量不成正比，级内焓降和反动度发生相应的变化，因此级的轴向推力也不与流量成正比。所以，背压式汽轮机通流部分总的轴向推力的最大值并非在最大功率时，而是遮某一中间功率时达到。反动式汽轮机，由于各级反动度较大，因此在变工况时，各级反动度大致保持不变。故级的轴向推力与级的压差成正比变化，最大轴向推力发生在最大负荷时。一般说，反动式汽轮机变工况时，其轴向推力的改变远小于冲动式汽轮机。

7. 汽轮机的主要配汽方式有哪两种？各有什么特点？

汽轮机的主要配汽方式有节流调节与喷嘴调节两种。

（1）节流调节汽轮机

节流调节就是全部蒸汽都经过一个或几个同时启、闭的调节汽阀，然后流向第一级喷嘴。在设计工况下，调节汽阀全开，汽轮机的理想焓降达到最大值；负荷降低时，调节汽阀关小，在减少进汽量的同时，蒸汽在调节汽阀中产生节流，汽轮机的理想焓降也减小，因此节流调节也称质调节。需要指出的是，节流调节汽轮机在部分负荷时，汽轮机理想焓降的减少并不太大，其功率减少主要是借助节流作用减少流量而不是主要使焓降减少。但是，由于存在节流损失，使汽轮机的相对内效率下降，负荷越低，这种节流损失越大，相对内效率就越低。节流调节汽轮机具有结构简单，制造成本低，在负荷变化时级前温度变化较小，对负荷变动的适应

节汽阀、蒸汽室、高压级喷嘴、动叶和高压端轴封等部件的机械强度降低，发生蠕变和松弛，导致设备使用寿命降低甚至损坏。因此必须严格控制新蒸汽温度。当新汽温度降低时，蒸汽的理想焓降减少，若欲维持负荷不变，必须增加流量，对喷嘴调节汽轮机的调节级，其调节级后汽室压力随流量增大而升高，调节级焓降减小，其工作是安全的；但流量增加将导致最末几级焓降增大，若流量超过额定值，末几级叶片将会超负荷。一般情况下，转子上的轴向推力也将增大。新汽温度降低还会引起末几级蒸汽湿度增加，湿汽损失加大，机组经济性下降。对末几级叶片的冲蚀也增加。若汽温急剧下降，还会导致水冲击。

10. 排汽压力变化对汽轮机工作有何影响?

新蒸汽的压力和温度维持不变，排汽压力升高时，汽轮机的焓降减少，若流量不变，汽轮机的功率将减小。一般情况下，中压机组的排汽真空每降低 1%，汽耗平均增加 1%；高压机组排汽真空每降低 1%，汽耗平均增加 2%，使机组的经济性大大降低。此外，排汽压力升高时，排汽温度也随之升高，若排汽压力升高过多，排汽温度有较大的升高时，还会引起下列问题：

(1) 导致低压缸及轴承座等部件受热膨胀使机组中心变化，造成振动；

(2) 凝汽器温度升高，铜管可能因热膨胀过大而泄漏损坏，使凝结水质恶化；

(3) 排汽压力升高，最末几级焓降减少较多，反动度变大，使轴向推力变大。

若新汽压力和温度不变，排汽压力降低，机组的经济性将提高，但排汽压力降低过多容易造成末级隔板或动叶片过负荷。

11. 凝汽器的变工况特性如何?

凝汽器内的蒸汽压力随凝汽量、冷却水量、冷却水进口温度的变化而变化，它们之间的变化关系称为凝汽器的变工况特性，其关系曲线称为凝汽器特性曲线，一般由实验方法得出。

从凝汽器特性曲线中可以分析出，在冷却水量和汽轮机的负荷一定的条件下，凝汽器内的压力随冷却水进口温度的降低而降低，即凝汽器内的真空随冷却水进口温度的降低而升高；当冷却水量和冷却水温一定时，凝汽器内的真空随汽轮机的负荷降低而升高。

12. 变转速汽轮机的变工况特点是什么?

用于驱动泵、压缩机、风机等机器的工业汽轮机，在负荷变化时转速随之变化。例如，功率减小50%时，转速大约下降20% ~25%。此外，驱动用的工业汽轮机的蒸汽初参数、功率和流量会因用户的不同需要而变动很大，而电站汽轮机的使用条件一般情况下不会与设计条件偏离太大。变转速汽轮机变工况时有下列特点:

(1) 负荷减小时，变转速汽轮机调节级的效率下降比较大;

(2) 对反动式多级汽轮机来说，负荷变化的影响与等转速汽轮机相同;

(3) 对于冲动级，若在变工况前后，均处于亚临界状态，则在转速变化不大的范围内(<20%)工作时，转速变化对流量及初压的变化均不显著；当级在变工况前后均处于临界状态时，则转速的变化对流量及初压均不发生影响。

第九章　汽轮机的事故处理

1. 汽轮机发生事故的主要原因是什么？处理原则是什么？

汽轮机运行中发生事故，可能是长期工作设备的某些部件损坏、电网故障等原因，或者是检修质量问题、运行操作不当等原因。严重的事故会造成设备损坏、被迫停机。对汽轮机运行中可能发生的事故，应以预防为主。一旦发生事故，处理时应遵守以下原则：

(1) 根据仪表的指示、设备的外部征兆(声音、气味等)迅速准确地判断事故产生的部位、范围及发生事故的原因；

(2) 迅速处理事故，保证设备安全正常运行和人身安全。对于无法处理的事故，应立即报告上级，不得擅自随意处理，以免延误时间，使事故扩大，造成更严重的损失；

(3) 保证所有未受影响的机组、设备能正常运行；

(4) 正确执行上级命令，迅速果断，沉着机智，处理事故后作好记录，及时报告。

2. 运行中对主蒸汽压力和温度有何要求？

为了保证汽轮机组的安全、经济运行，运行中对主蒸汽的压力和温度必须严格监控，使之保持在规定的数值范围内。对中温、中压机组，蒸汽压力允许在规定压力 ±0.05MPa 范围内变化；蒸汽温度允许在规定汽温 ±5℃ 范围内变化。高温、高压机组，蒸汽压力允许在 ±0.2MPa 范围以内变化；蒸汽温度允许在 ±5℃ 范围以内变化。在任何情况下，均不允许超过制造厂规定的最高允许范围。

3. 主蒸汽压力和温度不符合额定范围时，应如何处理？

当主蒸汽压力和温度超过额定范围时，首先通知锅炉房，对主蒸汽压力、温度予以调整。同时关小主汽阀或总汽阀进行节流降压，保持汽轮机前压力正常，若不能达到正常压力，应联系故障停机。主蒸汽温度超过5~10℃时，通知锅炉房降温；超过10℃以上，或在这一温度下运行15~30min后(全年不超过20h)仍不能降低时，应联系故障停机。主蒸汽压力、温度低于额定范围时，应通知锅炉房升压、升温。并根据制造厂的规定及具体情况降低负荷；当降低到规定数值时，联系故障停机。

4. 汽轮机振动过大有什么危害？

汽轮机的振动超过规定范围时，将会引起设备的损坏，甚至导致严重后果。

(1) 机组振动过大时，叶片、围带、叶轮等转动部件的应力增加，产生很大的交变应力，造成疲劳损坏。

(2) 振动严重时会使机组动静部分发生磨损。轻则使端部轴封、隔板汽封磨损，间隙增大，增加漏汽损失，使机组运行经济性降低。严重时，会使主轴弯曲。

(3) 振动将引起各连接部件松动。振动严重时，可能使与机组相连接的轴承、轴承座、主油泵、传动齿轮、凝汽器、管道等发生共振，引起连接螺栓松动、地脚螺栓断裂等，从而造成重大事故。

(4) 若高压端振动过大，有可能引起危急保安器误动作而使机组停机。

5. 造成汽轮机振动过大的主要原因是什么？

造成汽轮机振动过大的主要原因有三个方面。

（1）设备方面，可能因调节系统不稳定使进汽量波动；叶片被侵蚀、叶片结垢或叶片脱落等造成转子不平衡；汽缸保温不良或保温层破损影响热膨胀不均匀；滑销系统卡死不能自由膨胀等。

（2）在启动升速、带负荷过程中机组振动加剧，大多是因操作不当造成的。例如：疏水不当，使蒸汽带水；暖机不足，升速过快或加负荷过急；停机后盘车不当，使转子产生较大的弯曲值，再启动后未注意延长暖机时间以消除转子的热弯曲等。

（3）若机组在运行中突然发生不正常的声音和振动，多数是因维护不当引起的。例如：润滑油温过高或过低、油压过低等影响轴承油膜的形成；新蒸汽温度过高使汽缸热膨胀、热变形过大；真空降低使排汽温度过高，排汽缸出现异常膨胀；新汽温度过低使汽轮机产生水冲击等等。

6. 什么是水冲击？有什么严重后果？

当水或温度低于汽缸温度、接近饱和温度的蒸汽进入汽轮机汽缸内，就可能造成水冲击事故。水冲击事故会损坏叶片和推力轴承，使主轴和汽缸发生热变形，引起动、静部分碰擦，造成严重的设备损坏事故。

7. 水冲击有什么征兆？应如何处理？

（1）新蒸汽温度急剧下降，降至低于汽缸温度或接近饱和温度；

（2）新汽管道法兰、轴封信号管、阀门或汽缸结合面等处冒白汽或溅水滴；

（3）汽轮机内发出金属噪音或水击声，机组振动加剧；

（4）轴向位移加大，推力轴瓦乌金温度和轴承回油温度急剧升高；

（5）机组出力降低。

由于引起水冲击的原因不同，上述征兆不一定同时出现。当机组发生水冲击时，应立即破坏真空紧急停机，打开蒸汽管道及各抽汽管上的疏水阀，检查推力瓦块温度、回油温度、轴向位移，仔细倾听汽轮机内部声音，注意转子惰走情况。在停机过程中若无任何不正常现象，则可重新启动，但必须小心谨慎。若停机或重新启动过程中有异常情况，则必须进一步检查，必要时揭大盖检查。

8. 真空急剧下降时应如何处理？

应根据引起真空下降不同的原因而采取相应的处理措施。

（1）循环水中断　其主要征兆是，凝汽器真空急剧下降，排汽温度显著上升，循环水进出口无压力差，循环水泵电流降为零或仅有空载电流。此时首先应启动备用循环水泵，查明循环水中断的原因，并予以解决。

（2）低压轴封供汽中断　低压轴封供汽一旦中断，将有大量空气从低压轴封间隙处漏入汽缸，使真空急剧下降。其原因可能是负荷降低时未及时调整轴封供汽压力，致使供汽压力降低或可能是轴封汽源压力降低，蒸汽带水造成轴封供汽中断。因此，在机组负荷降低时，应及时调整轴封供汽压力，使之保持为正常值，注意消除蒸汽带水。若是轴封压力调整器失灵，应先切换为手动，及时修复后再投入。

（3）抽气器故障　抽气器的汽（水）源中断，或汽（水）压过低，使抽气器不能正常工作，凝汽器的真空急剧下降。应先启动备用抽气器，同时查明原因后采取相应措施。

（4）真空系统管道严重漏气　运行中真空系统管道严重漏气，可能是由于膨胀不均，使真空系统管道破裂，或是误开与真空系统连接的阀门所引起的。应查找破裂漏气点予以解决，或关闭误开的阀门。

（5）凝汽器满水　当凝汽器内凝结水水位过高，淹没抽气口后，空气不能被抽走，会引起真空急剧下降。其原因可能是凝结水泵故障，负荷增加时未开大主凝结水阀门，或误开大再循环水阀门、软化水阀门而造成凝结水水位升高。此时应先启动备用凝结水泵，并针对原因采取相应的措施。

9. 真空缓慢下降时应如何处理？

应查清引起真空缓慢下降的原因，根据不同原因采取相应的措施。

（1）循环水量不足　若真空逐渐下降的同时，循环水出口温度升高，则表明循环水量不足，应检查循环水系统是否有故障，及时予以处理。若真空下降时，凝汽器循环水的进、出口压差增大，循环水泵出口和凝汽器进口循环水压力均升高，则可能是凝汽器管板部分堵塞，则应清洗凝汽器。若循环水出口虹吸真空下降及循环水进、出口压差减小，可能是凝汽器循环水出水管中有空气或虹吸井水位太低，虹吸被破坏，此时应投入抽气系统，恢复虹吸管的真空。若循环水泵进口真空降低，则是水泵进口阀门法兰或盘根等处漏气，可调整水泵盘根、密封水及拧紧法兰螺栓等。

（2）抽气器工作不正常　凝汽器真空下降的同时，抽气器出现排气管冒白汽或水滴等现象，则表明抽气器工作不正常，应先检查抽气器的汽（水）源压力。若供汽（水）压力降低，应设法提高其压力。若抽气器喷嘴前压力升高，可能是喷嘴堵塞，应进行冲洗或清理。若汽压正常，可能是抽气器冷却器的冷却水量不足，使工作蒸汽不能充分凝结，排气管冒汽，此时应开大凝结水再循环阀门，必要时补充软化水以增大冷却器水量。若冷却器水位升高，疏水量增多，且疏水温度降低或抽气器排气口喷出大量水滴，则是冷却器水管破裂或管板上胀口松弛引起漏水，应迅速启动备用抽气器，停用故障抽气器并进行修理。

（3）凝汽器水位升高　可能是凝结水泵入口汽化或损坏，应迅速启动备用凝结水泵，停用故障水泵并进行修复。若是凝汽器铜管泄漏，此时凝结水硬度和过冷却度增大，可降低负荷停用半边凝汽器，进行查漏堵管。

（4）真空系统管道及阀门不严密漏气　若抽气器工作正常，则可能是因真空系统管道及阀门不严密漏气引起真空缓慢下降。应进行查漏消除缺陷。

（5）凝汽器冷却表面污脏，使传热恶化，引起真空缓慢下降，应及时进行清洗。

10. 供油系统常见故障有哪些？

供油系统常见的故障有主油泵工作失常、油系统漏油、轴承油温升高、油系统进水、高压辅助油泵失常等。

11. 主油泵故障的可能原因有哪些？

齿轮式主油泵故障通常是机械部分损伤或损坏，例如齿间间隙不当使轮齿啮合不良，传动装置磨损及螺丝松动等。离心式主油泵故障可能由于射油器工作失常使主油泵进口油压降低，进油量减少甚至中断，使主油泵工作失常。主油泵工作失常的象征主要是供油系统油压降低，供油量减少，泵内出现异常声音。

主油泵运行中出现上述象征时，应立即启动辅助高压油泵维持油压，查找原因，排除故障，若油压降至规定数值时应紧急停机。

12. 供油系统漏油的原因有哪些？应如何处理？

供油系统的管道、阀门、冷油器等部件，可能因安装检修不良、机组振动及误操作等原因而漏油。其象征是油箱油位下降或油压下降，或两者同时降低。不同部位漏油，其征兆不同，处理方法也不同。若油箱油位不变，但油压下降，可能是主油泵工作不正常，主油泵压力油管短路，主油泵吸入侧滤网堵塞或轴承箱、油箱内部压力油管漏油造成的；也可能是辅助油泵的逆止阀和安全阀泄漏，使压力油经上述阀门漏回油箱；或是前轴承箱内压力油管漏油直接流回油箱。这时应立即启动辅助油泵保持油压在正常范围内，查明漏油的原因并予以消除。若油压不变而油箱油位降低，首先应检查油箱油位指示器是否失灵，以确定油箱油位是泵确实下降。若是则可能是油箱及其连接油管及轴承回油管等处漏油，或误开油箱上的放油阀造成的。查明原因后迅速处理并补充油至正常油位。若油箱油位及油压均降低，可能是外部压力油管破裂，法兰结合面不严密或冷油器铜管泄漏等原因造成主油泵压力侧外部管道严重泄漏。此时应检查主油泵出口外部的调节、润滑压力油管及法兰，消除漏油点，并向油箱加油至正常油位；检查冷油器出口冷水有无油花，查明冷油器铜管是否漏油。若漏油，应迅速启动备用冷油器，停用漏油的冷油器进行检修。凡属供油系统漏油，采取各种措施仍不能消除时，在油位降至最低油位前应启动辅助油泵，并紧急事故停机。

13. 轴承油温升高的原因是什么？

轴承油温升高有两种情况：仅某一轴承油温升高或所有轴承油温均升高。

某一轴承油温升高的原因可能是：

(1) 杂质进入该轴承，增加摩擦，使轴承发热，油温升高；

(2) 该轴承进油管滤网被杂物堵塞使油量减少，轴承不能得到良好冷却而使油温升高；

(3) 轴瓦防转销的销钉被打断，轴瓦转动，使轴承进油口与进油管偏离，进油量减少，甚至断油；

(4) 产生轴电流并击穿油膜，使油温升高。当轴承油温升高至70℃以上时，应紧急停机。

机组所有轴承的油温都升高时，首先检查润滑油的压力及油量，若两者均正常，则是冷油器工作失常引起油温升高，应查明原因及时处理。也可能是主油泵工作失常引起的，此时应启动高压辅助油泵并准备紧急事故停机。也可能是供油系统中存在空气，使射油器不能正常工作，引起主油泵进油中断，出口油压不稳定，而润滑油泵又没有联动，造成各轴承缺油、断油。

14. 如何防止轴承缺油断油事故？

为防止轴承缺油断油事故，应采取下列措施。

(1) 冷油器油侧的进、出口阀不得随意搬动，应挂有显著的禁止操作警告牌。运行中需要切换冷油器、滤油器时，必须有专人监护、并密切注视油温、油压、油流的变化，避免发生误操作造成断油烧瓦事故。

(2) 启动机组达一定转速需停运高压辅助油泵时，要缓慢地关闭出口阀，并注意监视油压变化。若发现油压降低，应立即开启高压辅助油泵出口阀，查明原因，采取对策。

(3) 交直流辅助润滑油泵及低油压保护装置应定期试验，确保需要时能可靠投运。

15. 高压辅助油泵失常的原因是什么？应如何处理？

高压辅助油泵一般在启动、停机过程中使用。高压辅助油泵发生故障的可能原因是：油泵内部损坏或进油管堵塞；油泵的原动机有故障。应根据具体情况分别处理。

（1）若启动时发现高压辅助油泵声音不正常，但无金属摩擦声，且油压能达到正常值，则可维持运行，直到主油泵投运后可停止辅助油泵，但应查明原因及时处理。

（2）在启动升速最后阶段中高压辅助油泵出现故障且油压降低时，应迅速提高汽轮机的转速，使主油泵投运，保证油系统的正常油压，然后停止高压辅助油泵，并查明原因及时处理。

（3）在停机过程中高压辅助油泵出现故障，若条件允许，可将汽轮机转速提高至额定值，维持空负荷运行，主油泵继续运行，然后停止高压辅助油泵进行检修。若汽轮机转速已很低，或是事故停机时，则应立即启动低压电动辅助油泵，保证轴承润滑用油。

16. 运行中如何防止供油系统进水？

供油系统进水一般是由于汽轮机高压端轴封漏汽压力过大或轴封供汽压力调整不当，使蒸汽通过轴承的挡油环进入供油系统而造成的。供油系统进水后，将引起润滑油乳化，腐蚀调节系统的各个部件，导致调节系统发生事故，且影响轴承的润滑。运行中可采取下列措施来防止供油系统进水。

（1）保持冷油器油侧压力高于水侧压力，防止铜管泄漏时水漏入油中。

（2）将高压轴封间隙调整合适，保证轴封漏汽管通畅；轴封压力调整器工作可靠，能按规定压力供汽。若轴封片磨损，间隙增大时应及时修复。

（3）定期化验油质，发现油中有水时应及时过滤，并查明原因及时处理。向油箱补充油时应慢慢注入，防止杂质进入油箱。

17. 供油系统着火的原因是什么？应如何处理？

造成汽轮机设备失火，大多是由于供油系统所属设备管道存在缺陷或外部因素造成漏油而引起的。供油系统有部分设备管道靠近汽轮机高温部件或蒸汽管道，当油漏到温度高于200℃的未经热绝缘或热绝缘不良的高温部件、管道上时，会立即爆发火苗。如果漏油严重，又未能及时扑灭火源，在极短时间内就能引起一场难以控制的大火。为了及时有效地进行灭火，运行现场必须备有各类消防器材，此外，运行人员还必须注意下列问题。

（1）供油系统着火时，应采用干性灭火剂（如二氧化碳等），不能使用砂子或水灭火，以免扩大火灾事故；油箱或其他盛油容器着火时，也只能用干性灭火剂，同时将油从事故油管排出。

（2）浸有油类的抹布及木制材料着火时，只能用泡沫灭火剂灭火。

（3）未浸有油类的抹布及木制材料着火时，可以用水、砂子和泡沫灭火剂灭火。

（4）带电的电动机线圈、电线、电缆着火时，应切断电源后用干性灭火剂灭火；电动机冒烟时，应迅速停止运行；发电机着火或冒烟时，应故障停机，按照有关规程规定进行灭火。

供油系统着火一时又无法扑灭时，在事故停机时应注意下列事项。

（1）调节系统着火且一时无法扑灭时，若机组有防火油门应先打闸停机，方可使用防火油门，切不可反之。

（2）尽可能维持低油压运转，以免造成喷油助燃，使火势蔓延。但应注意不得使轴承断油。

（3）供油系统着火停机过程中启动汽动辅助油泵时，应注意切勿使油泵超速，以免因振动造成法兰振裂而喷油。

（4）油箱着火时应破坏真空紧急停机，并开启油箱事故排油阀。

18. 汽轮机运行中叶片损坏或断落有何象征？应如何处理？

叶片损坏事故包括叶片断落、裂纹、围带飞脱、拉筋开焊或断裂以及叶片冲蚀等。产生这些事故的一般象征是：

（1）单个叶片断落或围带飞脱时，在通流部分能听到尖锐而清晰的金属敲击声；

（2）在叶片断落的同时，机组会突然发生振动，但有时振动会很快消失；

（3）调节级叶片或围带飞脱堵在下一级喷嘴前时，调节级汽室压力将升高，同时推力轴承温度也有所升高；

（4）末级叶片飞脱进入凝汽器时，凝汽器内有较强的敲击声，若打坏铜管，循环水漏入凝结水中，凝结水水质将恶化，热水井水位升高，凝结水过冷度增大；

（5）若叶片不对称脱落较多时，转子产生不平衡，机组振动明显增大。

在运行中，一旦出现叶片断落的象征时，必须立即破坏真空紧急停机，以防止叶片损坏事故范围扩大。

19. 叶片损坏或断落的原因是什么？

造成叶片损坏的一般原因是：

（1）叶片或叶片组的振动特性不良，发生共振现象，造成叶片、围带材料疲劳损坏；

（2）叶片制造质量不合格；

（3）新蒸汽温度经常过高或过低。汽温经常过高会使叶片发生蠕变，许用应力降低；汽温经常过低，会使末几级叶片因蒸汽湿度过大而受水滴严重冲刷，机械强度降低；

（4）不适当地超负荷运行，使末几级叶片严重过负荷；

（5）叶片结垢严重，使叶片离心力增大，通流部分截面减少引起反动度增大，使叶片承受过大的应力；

（6）启动、停机过程中操作不当，出现过大的胀差，使汽轮机动、静部分发生摩擦，造成叶片损伤；

（7）停机后维护不当，使叶片严重锈蚀。

20. 运行中如何防止叶片损坏？

防止叶片损坏的措施是：

（1）蒸汽参数和各段抽汽压力、排汽真空等参数的变化尽可能不超过设计范围，若超过时，应限制机组的负荷，防止通流部分过负荷。

（2）控制机组的振动，避免叶片发生共振。

（3）尽量减少机组在低负荷下运行，以免调节级过负荷而损伤叶片。

（4）注意汽轮机内有无异声，监视机组振动情况，防止动、静部分碰擦。

（5）监视蒸汽品质，限制蒸汽中的含盐量。

（6）长期停机时，应采取防腐措施。

（7）机组大修时，全面检查通流部分损伤情况，及时更换不合格的叶片，保证叶片质量。

21. 引起汽轮机超速的原因有哪些？

超速事故，是汽轮机事故中最危险的一种。机组严重超速可能使叶片甩脱、轴承损坏、大轴折断、甚至整个机组报废。尽管汽轮机有各种防止超速的保护装置和设备，但汽轮机超速事故，仍不能完全避免，其主要原因有四点。

（1）透平油的质量不良。例如油中有杂质，酸价过高等，特别是油中有水时，将使调节、保护系统的部件锈蚀，汽轮机发生故障需要这些部件动作时，却因卡涩而无法动作，失去了保护作用。

（2）未按规定的时间和条件，进行危急保安器试验，导致危急保安器动作转速发生变化，机组超速而危急保安器不动作。

（3）蒸汽品质不良，在自动主汽阀、调节汽阀阀杆处结垢，使汽阀卡涩无法关闭，既使危急保安器能正常动作，机组仍然严重超速。

（4）抽汽逆止阀失灵，甩负荷后，高压加热器疏水汽化后回流，或邻机抽汽进入汽轮机，引起超速。

22. 汽轮机超速时有何象征？应如何处理？

汽轮机超速时的一般象征为：

（1）机组负荷突然甩到零，发出不正常的声音；

（2）转速表指示值超过红线数字，并继续上升；

（3）机组振动增大；

（4）主油泵出口油压升高，采用离心式主油泵的机组，其油压升高尤为显著。

如果汽轮机的转速超过 3360r/min（或超过额定转速12%），危急保安器仍未动作时，应立即手拍危急保安器，破坏真空，紧急停机。并检查自动主汽阀，调节汽阀及抽汽逆止阀等是否关闭，若未关严，应设法关严，完成停机的其他操作。

23. 推力轴承烧损的原因有哪些？有何象征？应如何处理？

推力轴承烧损常常与轴向位移事故联系在一起，常见的原因有：

（1）汽轮机发生水冲击或蒸汽温度下降时处理不当，使推力轴承过负荷，发生推力瓦块烧损事故；

（2）蒸汽品质不良，引起叶片结垢，使轴向推力增大，推力瓦块烧损；

（3）机组突然甩负荷；

（4）油系统进入杂质，使推力瓦油膜破坏。

推力瓦烧损事故的象征，主要表现为轴向位移增大，推力瓦乌金温度及轴承回油温度升高，推力瓦冒烟。

当发现轴向位移逐渐增加时，应迅速减负荷使之恢复正常。密切注意检查推力瓦块金属温度和轴承回油温度，并经常检查汽轮机运行情况，倾听机组有无异音，测量振动。如果轴向位移增大，推力瓦块温度急剧升高，伴随有不正常的噪音和振动，或轴向位移超过规定值时，应迅速破坏真空紧急停机。

24. 支持轴承烧损的原因有哪些？有何象征？应如何处理？

支持轴承烧损的原因，主要是润滑油压降低，造成轴承断油所致。个别情况可能是电流击穿油膜，油质不良或油温过高使油膜破坏而造成的。轴瓦烧损事项的象征是，轴瓦乌金温度及轴承回油温度急剧升高，一旦油膜破坏，机组振动增大，轴瓦冒烟，此时应立即手打危急保安器，破坏真空紧急停机。

25. 汽封损坏的原因是什么？

造成汽封损坏的主要原因有：

（1）汽缸变形或转子受热弯曲变形，引起汽封磨损；

（2）汽缸热膨胀不均匀，造成汽封的碰擦磨损。

（3）汽轮机长时间空转或低负荷运转，排汽温度过高，然后很快地升高负荷，引起温度变化过快，汽封发生碰擦而损坏；

（4）积垢造成汽封环卡死失去弹性，当汽封发生碰擦时，没有退让作用而损坏。

26. 汽封损坏有何征兆？

汽封损坏时的征兆如下：

（1）汽封信号管冒汽量增大；

（2）损坏严重时汽轮机的振动加剧；

（3）汽封内部有碰擦声音；

（4）润滑油中有水分。

27. 如何防止汽封损坏？

为了防止汽封损坏，运行中应经常检查给水及蒸汽的品质以防止汽轮机内部结垢；注意保持汽缸的良好保温；避免汽轮机的负荷发生剧烈变化；不允许汽轮机长时间空转和在排汽温度过高下运转；避免排汽温度剧烈变化；汽轮机转子在弯曲或振动超过允许数值、转子轴向位移过大时应立即停机。在运行中发现汽封有严重碰擦和损坏现象时，应迅速停机检查。

28. 汽轮机动、静部分发生碰擦的事故征兆是什么？

汽轮机动、静部分碰擦的事故发生在汽缸内，无法直接观察到，但一般有如下特征：

（1）机组振动增大，甚至发生强烈振动；

（2）汽缸内部有金属碰擦声；

（3）前后轴封处产生火花；

（4）若推力轴承损坏，则推力瓦块温度将升高，轴向位移指示值增大发生信号；

（5）大轴挠度指示值增大或超限；

（6）上下汽缸温差急速加大。

29. 引起汽轮机动、静部分碰擦的原因是什么？应如何处理？

（1）动、静部分间隙安装、检修调整不当；

（2）动、静部分加热或冷却时，胀缩不均匀；

（3）机组发生强烈振动；

（4）受力部分机械变形超过允许值；

（5）推力轴承或主轴承损坏；

（6）通流部分部件损坏或有硬杂物进入通流部分；

（7）转子套装部件松动发生位移；

（8）在转子弯曲或汽缸严重变形情况下进行盘车。

若发现有动、静部分碰擦的征兆，应果断地停机，不应采取减负荷或降低转速继续暖机，以致延误了停机时机而扩大事故，造成设备的严重损坏。停机时要记录转子惰走时间，静止后进行手动盘车。如果盘车不动，不得强行盘车，应进行全面分析研究，找出原因，采取适当措施，必要时打开汽缸进行检查。

第十章　汽轮机的检修

1. 汽轮机检修的内容是什么?

汽轮机检修是保证安全、经济运行的重要措施。汽轮机设备的计划检修，一般分为大修和小修两种。一般情况下一台机组的大修间隔为2~3年，但是新安装的机组在运行一年后也应进行一次大修。小修间隔一般为6~8个月。汽轮机设备在大小修前应根据设备的技术状况、零部件的磨损规律、存在的缺陷及必要的技术改进，确定大小修项目。大修项目分为一般项目和特殊项目两类，一般项目又分为常修项目和不常修项目。一般项目指：进行全面的检查、清洗和修理；消除设备缺陷；进行定期的试验。特殊项目是指一般项目以外技术复杂、工作量大、系统或设备结构有重大改变的项目。主要设备的小修项目包括：消除运行中发生的缺陷，重点检查易磨、易损部件，必要时进行零部件的清洗调整和试验。大修前的一次小修，应做好检查，核实大修项目。除计划检修外，还有事故检修和临修。事故检修是设备故障情况下被迫进行检修；临修是在机组带病运行情况下提出检修要求。这两种情况的差别只是设备损坏的严重程度不同。显然，事故检修是设备损坏较为严重，无法继续运行而必须检修。

2. 汽轮机汽缸检修包括哪些内容?

汽轮机汽缸检修的内容包括：汽缸内部及结合面的清扫；汽缸结合面的严密性检查；汽缸结合面出现间隙的处

理；汽缸裂纹的检查与处理；滑销系统的检查与清理。

3. 汽缸螺栓拆装时应注意哪些问题？

拆装汽缸螺栓时应注意下列问题：

（1）汽缸温度下降至80℃以下时，才允许拆卸汽缸结合面的螺栓，以防螺栓丝扣损坏和汽缸内部转子等部件急剧冷却时产生变形；

（2）拆卸螺栓前应将保温材料清理干净，将煤油浇到螺纹内，浸透锈垢和氧化物；

（3）直径在52mm以上的大螺栓拆卸前应按顺序进行编号，螺栓、螺帽和垫片应按号配合；

（4）检修过程中需要临时扣汽缸盖紧螺栓时，可在螺栓的螺纹部分抹少许黄油，防止螺纹咬扣。但在正式扣汽缸盖时，必须用煤油将黄油洗干净，擦干后再抹上干黑铅粉或二硫化钼粉，并用压缩空气吹去粉末；

（5）上缸为猫爪支承时，拆螺栓前应先在下猫爪处加装垫片，使下汽缸支承在安装垫片上；

（6）汽缸水平结合面螺栓的拆装必须按一定顺序进行。在拆装螺栓时均应从汽缸法兰结合面间隙最大处——汽缸中部开始，在汽缸两侧依次对称地向汽缸前后拆装；

（7）上螺栓前应检查螺栓的丝扣，并用手轻快地将螺帽拧到底，若有卡涩现象，应立即退出，检查原因进行修复，不得用扳手强行拧紧；

（8）直径在64mm以上的螺栓，在冷紧后还要进行热紧，才能达到汽缸结合面密封的初紧力。

4. 什么情况下才可起吊汽缸上盖？

在汽缸螺栓全部拆卸以后，汽缸温度已降至80℃以下，顺序解开转子两端联轴器螺栓；将妨碍吊缸的膨胀圈、管道、保温层和热工仪表及其引线等全部拆除以后，确认上汽缸与下汽缸已无任何牵连时，才可起吊汽缸上盖。

5. 汽缸上盖起吊时应注意什么问题？

起吊汽缸上盖时应注意下列问题。

（1）在汽缸对角线或四角装好导杆，导杆应清洗干净，并涂上润滑油。

（2）在转子两端轴颈处分别装上千分表，拧入大盖四角的顶丝将上盖均匀顶起 5～10mm。

（3）将上盖吊起少许，检查汽缸的水平并进行调整，汽缸结合面的四角高度差不应超过 2mm，不允许在上盖不平情况下强行起吊；应仔细倾听汽缸内有无金属碰撞摩擦声；检查转子上的千分表，确认转子没有随着升高。

（4）在上盖缓吊至 100～150mm 时，暂停起吊，检查随上盖同时起吊的部件是否有掉落的可能性，在确保安全的情况下，再缓慢将上盖吊出移至检修场地。

（5）在起吊上盖时人员不可少于八人，应由一人统一指挥；上盖起吊后不允许人身的任何部分进入上盖结合面以下；在上盖即将离开导杆时，四角应有人扶稳，以防上盖旋转摆动，发生人身和设备事故。

（6）上盖起吊后应由专人检查汽缸结合面的密封情况，做好记录以备修理；检查隔板套、隔板、叶片等各部件是否有脱落、损坏的情况，做好记录；检查其它异常情况，堵好抽汽孔等。

6. 如何检查汽缸结合面的严密性？

汽缸内各部件吊出后，即将各抽汽口、疏水孔全部堵死，将汽缸结合面清理干净，然后检查汽缸结合面的严密性。检查步骤如下：

（1）将清扫好的空汽缸扣上上盖，装上定位销，汽缸结合面螺栓隔一个紧一个，即拧紧一半螺栓。螺栓的紧力与汽缸正式扣盖时的冷紧力相同。

（2）用0.05mm的塞尺检查汽缸结合面的间隙，塞尺通不过则合格。若间隙超过0.05mm，则参考揭上盖时汽缸结合面涂料被冲刷的情况及过去大修的记录，以及在运行中是否存在漏汽的情况，来判断测量的可靠性，并在汽缸上做好间隙大小和长短的详细记录，同时将检查结果记录在案。

7. 汽缸结合面产生间隙的原因是什么？

汽缸结合面不严密产生间隙的原因是：

（1）涂料质量不好，内部有坚硬的杂质或结合面中带进杂物；

（2）汽缸螺栓紧力不足，或是拧紧的顺序不正确；

（3）汽缸法兰变形。

8. 汽缸法兰变形的原因是什么？

汽缸法兰变形的原因是：

（1）制造过程中由于回火处理不充分，或时效时间短，汽缸在铸造过程中产生的内应力未全部消除，在运行中汽缸发生变形；

（2）运行中负荷变化过快、暖机不充分、法兰加热器使用不当、停机检修时打开保温层过早等原因造成过大的热应力引起汽缸变形；

（3）安装或检修时，汽缸隔板、隔板套、汽封套等处留的膨胀间隙不足，运行中产生的热膨胀使汽缸法兰变形。

9. 对汽缸法兰变形、漏汽应如何处理？

对于汽缸法兰结合面变形和漏汽，应根据其产生的原因和严重程度，采取相应的措施。

（1）由于蒸汽冲刷而在结合面上产生的沟痕，可用普通碳钢焊条采取冷焊将沟痕补平，焊后修平。

（2）由于汽缸变形而产生的结合面间隙，若间隙长度小于400mm，且间隙宽度小于0.3mm时，可采用涂镀或喷涂。

（3）若结合面变形较小，且较均匀，可在有间隙处更换新的汽缸螺栓，适当加大螺栓的预紧力。

（4）汽缸变形较大但凸出部分面积不很大时可采用刮研的方法。

10. 汽缸裂纹常产生在哪些部位?

汽缸裂纹常产生在下列部位：

（1）各变截面处，如调节汽阀阀座，抽汽口与汽缸连接处，汽缸壁厚突变处等；

（2）汽缸法兰结合面，尤其是调节级前的喷嘴室区段及螺孔周围；

（3）汽缸上制造厂原补焊过的部位。

11. 汽缸产生裂纹的原因是什么?

汽缸产生裂纹的主要原因是：

（1）铸造工艺不当，在汽缸变截面处产生拉应力，这个铸造应力可使汽缸产生表面裂纹或隐形裂纹，铸造过程中的夹渣、气孔、疏松等也可能产生裂纹；

（2）补焊工艺不当，如未焊透、夹渣、气孔等都可能在补焊区和热影响区产生裂纹；

（3）汽缸时效处理不当，未能消除部件内部的应力，产生裂纹；

（4）运行操作不当，在启动、停机及负荷改变时，温度变化速度过快，使热应力过大而产生裂纹，运行时机组振动过大可导致裂纹加大。

12. 如何检查汽缸裂纹?

裂纹的检查要在用砂轮打磨光(对于非加工面)、清除氧化皮(对于加工面),使汽缸露出金属光泽后进行。先用10% ~15%硝酸水溶液浸,用5~10倍的放大镜仔细检查。发现有可疑裂纹后可进一步采用着色探伤法、磁力探伤法或用超声波探伤仪进行检查。对已确定的裂纹要进行全面检查,以确定其产生的原因、性质、尺寸等,为确定处理方案提供可靠的依据。全面检查裂纹的方法是:

(1)在裂纹周围100mm范围内打磨光滑(表面粗糙度达▽6.3以上),用超声波探伤法确定裂纹的边界;对裂纹的深度检查可用钻孔法,或使用裂纹测探仪。

(2)用20%~30%硝酸酒精溶液进行酸浸检查,检查裂纹有无扩展和确定制造厂原补焊区的范围。用超声波探伤仪检查裂纹附近有无砂眼、疏松、夹层等隐形缺陷。

(3)对原补焊区进行光谱定性分析。

(4)对裂纹尖端进行金相检验,以确定裂纹的性质。

(5)对原补焊区、热影响区、裂纹周围5mm处以及汽缸母材进行硬度测量。

13. 汽缸产生裂纹后如何处理?

对于裂纹深度不超过壁厚1/3的较浅裂纹,若汽缸强度和正常运行条件允许,可将裂纹全部铲除。深度超过壁厚的1/3时,应作强度核算,若强度不允许时,应开槽补焊。汽缸补焊有热焊法和冷焊法两种。在裂纹较小,焊补量不大的情况下,可采用冷焊。若裂纹很深,焊补量很大时,则宜采用热焊。

14. 引起滑销损坏的原因有哪些?

汽轮机滑销损坏的原因有:

（1）汽轮机汽缸在热胀冷缩过程中反复错动，产生磨损或拉出毛刺，机组的振动更加速了这种损坏并使滑销受很大的冲击力；

（2）运行操作不当，有铁屑、砂粒等污物落入滑销间隙中，使汽缸在膨胀过程中拉出毛刺，发生卡涩；

（3）滑销安装不正确，间隙过小或汽缸膨胀不均匀，使滑销产生过大的挤压力而损坏；

（4）滑销材质不好，强度不够，表面硬度不足，在相对运动时滑动面损坏。

15. 如何测量滑销的间隙？

测量滑销间隙时，一般是测量销子两端及中间的几个点（根据销子长短而定测量的点数），分别测量销子的宽度和相应点处槽道的宽度，两者之差就是滑销的间隙。要求滑销及槽道各测量点的数值应相同，其误差值不得超过0.03mm。

16. 滑销间隙过大或过小时应如何处理？

滑销间隙过大时可加工配制新销子，新销子的材料必须与原来的材料相同。也可以对销子进行补焊，经机械加工后研刮而成，补焊后的硬度不得低于销子本身的硬度。不允许在销槽内补焊，更不允许用点焊、捻打或挤压的方法来修补间隙过大的销子。

滑销间隙过小或有磨损、卡涩痕迹时，必须用刮刀进行研刮。刮好的滑销，应使全长间隙均匀符合要求，滑动面光洁度不低于▽6，接触面积不少于80%。

17. 吊装隔板时应注意什么问题？

在汽缸揭开大盖后，用专用工具或吊环，逐级吊出上隔板或隔板套，待转子吊出后逐级吊出下隔板或隔板套，具有隔板套的隔板随隔板套一起吊出。在起吊过程中，行车应找正，起落应缓慢，不应有碰撞和摩擦；当隔板有卡涩现象时，应用铜锤轻轻敲打，待隔板活动后继续起吊，不得强行起吊。当吊起50～60mm后，从隔板套水平结合面处检查隔板是否脱落，若有脱落时，可用细钢丝绳或8号铁丝穿入顶部汽道内，将隔板临时捆在隔板套上，再行起吊。当隔板或隔板套全部吊出后，应将汽缸内的抽汽孔、疏水孔、压力表孔等堵好，以防异物落入。

18. 对隔板应进行哪些检查？

对隔板进行清扫干净以后作下列检查：

（1）隔板两侧面有无与叶轮摩擦的痕迹；

（2）喷嘴叶片有无伤痕、卷边、裂纹等，有无脱落、松动等情况；

（3）隔板及蒸汽流道的腐蚀、结垢情况；

（4）挂耳及上下定位销子有无损伤及松动；

（5）隔板结合面严密性检查，将隔板吊入隔板套或汽缸中，将上隔板扣到下隔板上，用塞尺检查隔板结合面的间隙，应符号厂家规定。或用0.10mm的塞尺检查，以塞不进为合格。

19. 隔板需要进行哪些测量和调整？

隔板需要进行下列测量和调整工作。

（1）隔板弯曲测量。

（2）隔板径向间隙的测量和调整。此项工作仅在汽缸或隔板套结合面经大量研刮或隔板中心位置作较大调整时才进行。

（3）隔板挂耳的间隙测量及调整。

（4）隔板轴向间隙的测量与调整。

20. 隔板常见的缺陷有哪些？如何处理？

隔板常见的缺陷有喷嘴片弯曲损坏、隔板的变形和裂纹、隔板与转子发生摩擦。

（1）喷嘴片弯曲损坏。喷嘴片的通道表面和进出汽边常被打弯、凹凸不平甚至出现缺口、裂纹等。对于被打弯或不平处，可用仿照通道形状制作的垫块塞入通道，用小锤轻轻敲打喷嘴片使其复原，对轻微的卷边和毛刺可用小锉锉平。严重时可用烤把适当加热（不应超过700℃），然后校正。对缺口和裂纹，可进行补焊。

（2）隔板的变形和裂纹。引起隔板变形的原因是隔板强度不够或是热膨胀受阻、隔板与转子摩擦。变形不严重时可调整轴向间隙。铸造隔板易产生裂纹，若裂纹较小不影响强度，可继续使用。为防止裂纹继续扩展，可以把裂纹磨掉或在裂纹两端钻防延孔，以减轻应力集中。铸钢隔板和焊接隔板的裂纹可进行补焊。铸铁隔板的焊接比较困难。裂纹严重时应更换。

（3）隔板与转子发生摩擦。若发现隔板和转子发生严重磨损时，首先应查明原因，采取措施防止继续发生摩擦。同时应清除表面磨损部位的金属熔积层，仔细检查隔板裂纹和隔板的变形。如果强度允许，可将变形凸出部分车去，以保证隔板与转子的间隙，有条件时可更换。

21. 如何进行隔板找中心？

隔板找中心，是指隔板及汽封套按转子找中心。一般用假轴来找隔板和汽封洼窝中心。假轴通常是一根直径为217～300mm、壁厚为10～12mm的钢管，在两端用粗管或钢板卷成的轴颈而制成的。采用假轴代替汽轮机转子，就有可能在假轴上装设各种较精密的测量工具，使检查工作既简单又精确。为了尽量减少误差，当汽缸配制专用假轴时，最好使该假轴与汽轮机转子静挠曲的最大垂弧值相等。内径千分尺、千分表等测量工具是用两半卡子固定在假轴上，轴向位置可任意平移。进行测量时，可先将所有下隔板及下汽封吊装到汽缸内，然后放置假轴，将测量工具分别移至各隔板及轴封套处。依次对准其水平方向、左右及下部三个位置进行测量。三个数值相差不超过 ±0.05mm，即为合格。当偏差值超过标准时需要调整。调整时，上下位置是通过改变下隔板两侧挂耳的垫片厚度来实现的。调整它的左右径向位置，则需要调整固定在汽缸下部的立销来达到。

22. 如何拆装汽封?

每次大修时均应将轴封、隔板汽封的汽封块拆下进行清理检查。先拆下固定汽封的销饼及压板，沿汽封套凹槽取出汽封块。一般情况下轻轻敲打即可拆下。若汽封块锈死，可用铁柄起子或薄铝板插在汽封梳齿之间，用手锤在垂直方向轻快地敲打铁柄起子以振松汽封块。汽封块锈死严重时，可用 10 ~ 15mm 粗的铜棒弯成圆弧形顶着汽封块的端面，再用手锤轻轻将汽封打出。汽封块拆下后应及时打上记号，装入带有标记的专用盒内。汽封块下部的弹簧片也应按其材质、尺寸而分别保管。在重新组装汽封片时应按原来的标记依次进行。汽封块、弹簧片应齐全。对于非对称的高低齿汽封块不能装反。汽封块与槽道的配合应适当。固定销饼与压板上好后，弹簧片和汽封块不能高出结合面。各汽封块接头处要经过研合，一圈汽封块的总膨胀间隙一般留 0.20mm 左右。

23. 对拆下的汽封应进行哪些检查?

应检查汽封套、隔板汽封凹槽、汽封块、弹簧片，确保无污垢、锈蚀、裂纹、折断、弯曲变形和毛刺等缺陷。汽封套在汽缸洼窝内能自由膨胀但不得晃动，其间隙应符合制造厂规定。应检查弹簧片的弹性。弹簧片有固定销钉时，其位置应恰当，弹簧片与凹槽间不应有卡涩现象。进汽侧的蒸汽平衡孔应畅通，更换汽封时尤应仔细检查。汽封洼窝的疏水孔应保持畅通。

对有污垢和锈垢的汽封套、汽封、隔板汽封凹槽、弹簧片等，应用砂布打磨干净，抹上黑铅粉片，以防再次锈蚀。

24. 常见的汽封缺陷有哪些？如何处理？

汽封是汽轮机动静部分间间隙最小的部位，因此，汽封常见的缺陷为梳齿顶部磨损、磨弯或折断。运行中若推力瓦块的乌金熔化，转子产生过大的轴向位移，轴封的轴向间隙变小甚至消失，则转子上的汽封轴套与汽封块间便会发生严重的摩擦，梳齿被磨弯或折断。在机组启动、停机过程中，上、下汽缸温差过大时，汽封顶部会磨损。机组振动过大也会使齿顶磨损加剧。汽封的径向间隙过小或蒸汽中夹带杂物留存在动静间隙中也会造成磨损。摩擦轻微时，汽封梳齿会卷曲、变形，严重时可折断梳齿，损坏汽封套，甚至使主轴局部过热而发生弯曲，造成严重的设备事故。

汽封块被轻微磨损，发生卷曲时，可用平口钳板直。梳齿被轻微磨损还可使用时，则不必更换，可用特制刮刀将梳齿刮薄削尖。损坏严重，发生梳齿折断、脱落时应进行更换。

25. 盘车装置常见的缺陷有哪些？如何处理？

（1）启动时，齿轮冲击声特别大，顶杆向外伸出过多（超过4mm），这是由于盘形弹簧刚度不足，摆轮壳过分偏摆。可采用加厚盘形弹下部垫片的方法来解决。

（2）顶杆被推出过多而将摆轮轴扭弯或损坏轴承。这是因为启动力矩大，特别是在轴承尚未顶起便启动盘车时力矩更大。为了限制顶杆向外推出的距离，可在顶杆下面加一限位套。也可适当增加缓冲弹簧和推紧弹簧的作用力，保证在启动时，由于转子惯性力使汽轮机转子转速瞬间超过盘车的工作转速时不致推移摆轮离开工作位置。

（3）启动手轮转到工作位置，但启动后电机有突然间断传动现象。这是由于空行程开关的空行程太小，或手轮上凹坑坡度太陡，启动手轮跟随摆壳稍转过头就顶回行程开关，使电机断路。此时应将凹坑沿反时针方向移出10～15mm斜面，使手轮顺时针稍转过头时，不致顶回行程开关。

26. 对支持轴承应进行哪些检查？

（1）转子吊出之前，应用桥规检查轴颈的下沉值。

（2）检查轴承的乌金磨损情况，查看乌金面上轴颈摩擦划痕位置是否正确，刮研刀花是否被磨亮。

（3）测量轴瓦的油间隙，乌金面与轴颈之间的间隙，在轴瓦解体和组装时，都要进行认真的测量，并做好记录。

（4）检查乌金面有无划伤、损坏、腐蚀、脱落、裂纹等情况。

（5）检查轴瓦垫铁的接触情况，垫铁承力面上有无磨损和腐蚀，垫铁螺钉是否松动，垫铁是否完好。

27. 对轴承与乌金表面局部缺陷应如何处理？

当下瓦乌金与轴颈接触部分的研刮花纹被磨亮，可用三角刮刀或柳叶刮刀作交叉的轻微修刮，重新刮制花纹。若下瓦乌金与轴颈的接触面过大过重（呈深灰色）只需用刮刀将接触部分稍加修刮，并使轴瓦两侧圆滑过渡即可。

若乌金被腐蚀，表面有黑色痕迹，也应进行修刮，用着色研刮，严重时可进行补焊。

乌金轴瓦间隙过大，轴瓦乌金有气孔和夹渣时，可进行局部补焊。

28. 什么情况下应更换轴瓦？如何进行？

当轴瓦乌金质量不合格或发生裂纹、脱胎、熔化或其他严重损伤又来不及修复时，应更换轴瓦。更换方法如下：

（1）核对备品轴瓦各主要尺寸是否符合要求；

（2）用煤油将轴瓦清洗干净，仔细检查轴瓦乌金有无伤痕、裂纹、气孔、脱胎等情况；

（3）对乌金面进行初步刮研，检查水平结合面的严密性（0.03mm 的塞尺应塞不进）；

（4）刮研垫铁，球形轴瓦尚需检查球面的接触情况，一般不必刮研；

（5）对乌金面进行精研，主要是下半轴瓦的精研；

（6）其他工作：包括测量油挡间隙，测量调整紧力、安装顶轴油管等。

29. 对推力瓦块应作哪些检查？

将推力轴承解体、清洗干净后作如下检查：

（1）检查各瓦块和固定底盘有无毛刺和损伤，瓦块乌金有无严重磨损、变形、裂纹、脱落、划痕等情况；

（2）检查推力瓦块上工作印痕的大小是否大致相同，乌金表面有无磨损及电蚀痕迹；

（3）用放大镜仔细检查乌金是否有裂纹、脱胎、气孔、夹渣等缺陷；

（4）瓦块的厚度是否均匀，两块瓦的厚度差不得超过 0.02mm，推力瓦块上乌金的厚度应在 1.5mm 以内；

（5）检查推力瓦块与推力盘的接触情况，其接触面积应占每块瓦块面积的 75% 以上，并且分布均匀。

30. 如何测量推力间隙？

测量推力间隙应在推力轴承全部组装好后进行。用千分表来监视转子的窜动量。先盘动转子，用专用工具或杠杆将转子先后推到前后极限位置，在推向两个极限位置过程中，千分表读数的最大与最小指示值之差即为推力间隙。这个间隙应在 0.25～0.50mm 以内。

31. 刮研轴瓦垫铁时应注意哪些问题？

垫铁的刮研工作比较繁重，技巧性强、耗时长，需不断提高工艺水平和刮研质量，刮研时应注意下列问题。

（1）研刮时，红丹涂料一定要薄而均匀，且无杂质。

（2）刮研垫铁应考虑到汽缸与转子找中心时轴瓦垫铁的调整。应根据转子中心的复查值预先考虑调中心时垫铁的调整范围，以防在找中心时造成垫铁的调整量超过允许范围，以保证垫铁的接触面。

（3）研刮垫铁加垫片时应考虑对垫铁研刮的预留量。

（4）在研刮垫铁时，应使两侧垫铁接触，下部垫铁可稍有间隙。先将侧垫铁研刮基本合格后再重点研刮下部垫铁。

（5）研刮时必须注意防止刮偏。

（6）研刮至最后阶段时，应注意底垫铁和侧垫铁的修刮量，一般应增加底垫铁的修刮次数，以保证底垫铁和侧垫铁同时达到接触面的要求。

32. 转子起吊和就位应注意哪些问题？

转子的起吊和就位是一件十分精细的工作，应注意下列事项。

（1）整个起吊和就位过程必须有专人指挥。

（2）对行车、钢丝绳及专用的起吊工具必须进行仔细的检查。

（3）转子起吊前，拆去汽轮机前后轴承的上瓦，将各轴瓦用的专用桥规按测量的记号位置安放在轴承结合面上，用塞尺测量轴颈与桥规的间隙，以检查轴瓦磨损情况。同时检查各轴瓦间隙、轴颈扬度、推力间隙及通汽部分各间隙，作好检修前测量记录。

（4）转子起吊前，取出推力瓦的工作瓦块。转子起吊开始时应将前后轴瓦压板压好，以防将下瓦带出。

（5）起吊过程中应密切监视动静部分和前后轴封，不得发生摩擦、碰撞现象。

（6）转子稍稍吊起后，将水平仪放在各轴颈处，检查并调整转子的水平，应与汽缸的水平保持一致，其误差不得超过0.10mm/m，扬起方向应与下缸扬起方向一致，否则不得起吊。

（7）转子吊出后，应平稳地放在专用支架上，轴颈、推力盘等精密部分要加以保护。

（8）转子就位和起吊方法相同，但转子吊离支架就位前，要用压缩空气将转子仔细吹扫。转子就位前，必须将下缸内的隔板、隔板套、轴封、前后汽封等正式组装好，并用压缩空气吹扫干净。下轴瓦内浇上汽轮机油，取出推力瓦块后才可将转子起吊就位。转子吊入下汽缸时不允许发生碰擦。当推力盘刚进入推力瓦内时，装上工作瓦块。向轴颈上浇注汽轮机油，用铜头撬扛盘动转子，检查内部应无摩擦。

33. 如何对转子进行清扫？

若蒸汽品质不合格，会造成汽轮机叶片结垢，转子的清扫就是清洗叶片和叶轮的结垢，常用以下两种方法。

（1）喷砂法　用喷砂法清扫时，要用胶布把套装叶轮以及轴封套之间的缝隙包好，用布将轴颈、推力盘及危急保安器等轴头部件包扎好。清扫完毕后，应用压缩空气将转子吹干净。

（2）用苛性钠（NaOH）溶液清扫，苛性钠溶液的浓度应为30%～40%（质量浓度），加热蒸汽压力在2bar左右。清洗前应用布将轴颈、推力盘、危急保安器等轴头部件及联轴器包扎好。用苛性钠溶液清扫后的转子，要再用软水将转子清洗干净，以防腐蚀金属。

34. 如何测定转子的扬度？

机组在每次大修前后均要对转子位置进行检验，主要是测量转子的扬度，校验基础有无纵向不均匀的下沉，并作为靠背轮中心变化的参考依据。测量方法是，应使用带有刻度的水平仪，其精密度应为0.02mm/m。测量前先将轴颈和水平仪底部擦拭干净，水平仪应放置在轴颈的中部，使横向汽泡稳定在中间位置，记录水平仪上的读数。将水平仪掉转180°，放在原来的位置，以同样的方法测量记录第二次读数。若两次测量方向相反，数值大的为扬起方向。扬度取其代数差的1/2。方向相同时，取其代数和的1/2。扬起方向可用箭头表示之。按此方法依次对各轴颈进行测量并作好记录。

35. 什么是转子的晃度？什么情况下应测量？

晃度是指转子沿回转轴线转一周时，转子某一截面圆周表面的不圆程度。晃度的数值代表转子各部位的不同圆度、不同心度和弯曲度。由于汽轮机转子在高速下运转，因此对转子的晃度有严格的限制范围。大修时必须测量转子的晃度，有下述现象时也应测量晃度。

（1）发现轴封有一面摩擦及在轴封套拆装前后。

（2）机组运行中振动不合格及轴瓦乌金剥落时。

（3）叶轮之间的轴段或轮毂有单侧严重摩擦及汽轮机振动增大时。

（4）轴端部件拆装前后及发现摩擦与振动时。

当有轴弯曲可疑现象时，上述部位均须测量晃度值。

36. 什么是转子的瓢偏度？什么情况下应测量瓢偏度？

转子上的固定部件，如推力盘、叶轮、联轴器等部件的端面应与转子轴线有精确的垂直度，否则将会引起推力瓦块的不均匀磨损、动静部分碰擦及中心不正。检查各回转端平面与轴线不垂直的情况，即检查瓢偏度。在下列情况下应测量瓢偏度。

（1）发现推力瓦块与推力盘有不均匀的磨损，推力盘修复后及拆装前后。

（2）叶轮发生动静摩擦及拆装前后。

（3）联轴器拆装前后。

37. 测量动静间隙的目的是什么？

测量动静部分间隙的目的主要是监视叶片与相邻两侧隔板间的最小间隙值不得低于设计值。动静间隙过小时，在启动停机过程中由于转子和汽缸的胀差较大会发生动静部分碰擦。间隙过大，则运行时漏汽增大，使机组效率下降。因此，在解体和组装过程中，均应对动静间隙进行检查测量。

38. 对轴颈和推力盘应作哪些检查？

轴颈和推力盘应光洁，无裂纹、毛刺、锈蚀和麻点。轴颈的椭圆度和锥度应不大于0.02mm；推力盘的瓢偏度应不大于0.02mm；将规矩的平尺靠在推力盘的端面上，用塞尺检查其不平度，以0.02mm的塞尺塞不进为合格。

39. 推力盘如何进行检修？

推力盘常因汽轮机产生水冲击或叶片严重结垢、隔板汽封间隙太大等原因，引起推力轴承超载而烧坏推力瓦，磨损推力盘。推力盘有擦伤凹痕时，应选用下列方法进行处理。

（1）用磨光板涂研磨膏或凡尔砂进行研磨。研磨前先将推力盘分为四等份，测量各点厚度及瓢偏度。用细油石磨去表面突出的毛刺，然后在推力盘工作面上涂研磨膏或凡尔砂。当两侧用撬杠压住磨光板后，用把手向两侧来回转动进行研磨。每隔一定时间按转子旋转方向转动90°，并加涂研磨膏。磨光板在研磨数次后，应在标准平板上检查，修刮校正，否则会因磨光板被磨损而不平，再研磨推力盘时，将产生新的凹痕或瓢偏。研磨过程中应测量推力盘厚度及瓢偏度，达到要求时停止研磨。

（2）用磨光板和刮刀进行修刮。在磨光板上涂以红丹粉，平压力推力盘表面上研磨。取掉磨光板后，用刮刀铲除推力盘表面上突出的印痕，一直修刮到平整为止。在最大瓢偏度位置应多修刮几次，以减少瓢偏。

当推力盘表面损坏严重，用上述方法修理很费时间，可将推力盘加热后取下，在车床上把推力盘端面车削少许。

推力盘检修工作完成后，要再次检查推力盘的瓢偏度和不平度，其表面必须平整、光洁。

40. 对叶片应作哪些检查？

汽轮机的事故多数发生在叶片上，因此，大修中必须对叶片仔细检查，及时发现缺陷，防止重大设备事故的发生。叶片的检查主要是检查有无损伤裂纹，应检查下列项目和部位。

（1）围带　围带的裂纹一般出现在铆钉孔的周围，进出汽侧两边，尤其是孔的尖角处，并向围带边缘延伸。铆钉头的根部裂纹也是从棱角处向叶片工作部分延伸。此外，还应检查围带铆接有无松动现象。围带弧段之间应有足够的膨胀间隙。注意有无水蚀情况。

（2）拉筋　主要检查拉筋孔的周围，拉筋与叶片焊接处是否有断裂开焊等缺陷。低压级拉筋应检查有无水冲蚀情况。对松拉筋应检查拉筋与叶片的磨损情况。

（3）叶片工作部分　检查叶片工作部分向根部的过渡区、叶片进出口边、叶片焊有硬质合金的接缝处有无裂纹。检查叶片拉筋孔周围有无裂纹。检查叶片表面的冲蚀和腐蚀或其他损伤情况并应作好记录，以监视其发展趋势。检查叶片积垢的颜色、厚度及分布情况，并采样分析其成分。

（4）叶根部分　检查T形叶根的颈部和外包脚叶片的外包脚两侧边缘有无裂纹，叉形叶根的铆钉孔周围有无裂纹。

（5）测定叶片的振动频率。

41. 如何检查叶片裂纹？

大修时对叶片只进行外观检查，常用下列方法检查叶片有无裂纹。

（1）听音法　对带有围带的叶片可用100克重的小铜锤敲打叶片，听其振动声音。无裂纹且铆钉头连接牢固时声音清脆，断裂或松动时声音嘶哑。

（2）宏观法　叶片经清扫后，用10倍左右的放大镜进行检查，发现可疑的地方，先用00号砂布将表面打磨光亮，然后用20%～30%的硝酸酒精溶液浸蚀，有裂纹处浸蚀后即呈现黑色纹路。

对叶片的进一步检查，则由专业人员采用磁力探伤法和超声波探伤法等。

42. 叶片出现缺陷应如何处理？

对叶片出现裂纹、开焊等缺陷，首先应查明产生缺陷的原因，确定解决办法。裂纹在进出汽边，且较短，可打磨成圆弧消除裂纹。在叶形和叶根部分有裂纹应更换叶片，围带和拉筋出现裂纹时可补焊处理，拉筋开焊时可用银焊处理，叶片机械损伤后若无裂纹可进行调直。末几级在湿蒸汽区工作的叶片，常被水滴冲蚀，形成麻坑。这些麻坑能存水滴，对水冲蚀有缓冲作用，因此在检修时不应将这些麻坑锉平。

43. 什么情况下需要拆装叶轮？叶轮常见的缺陷有哪些？

一般正常大修时不拆装叶轮，只有在下列情况下，才有必要将套装在轴上的叶轮拆下。

（1）叶轮存在严重缺陷，需要更换或修复。

（2）叶片损坏，需要拆下叶轮更换叶片。

（3）大轴弯曲需要直轴。

叶轮常见的缺陷是键槽或轮缘产生裂纹以及叶轮变形。对于键槽裂纹，首先要测准裂纹的形状、位置和尺寸，根据测定结果进行计算决定是否能继续使用。若确认尚可使用，可采用车光裂纹加套法或进行补焊，裂纹严重不能继续使用时应进行更换。对于轮缘裂纹可进行补焊。

44. 叶轮哪些地方易产生裂纹？应如何处理？

（1）键槽裂纹

叶轮在运行中由于轴孔键槽处产生裂纹而发生飞裂的情况时有发生。为避免因键槽裂纹而发生事故，检修时应对叶轮键槽进行超声波探伤，测准裂纹的形状，位置和尺寸。根据测得的结果和计算决定能否继续使用。当裂纹深度在5mm以内时，可以将裂纹挖掉继续使用。但是单侧挖修会引起严重的应力集中，所以除长度不大的局部浅裂纹外，尽量不采用此法。沿轴向贯通的裂纹，可以刨掉；局部裂纹可用铲磨的方法挖修。为了提高强度，挖修时应使其表面光洁度达到▽6 以上。根据裂纹深度计算轮毂车掉裂纹后的强度不超过许用应力时，可以采用车光裂纹加套的方法。低压级叶轮也可以采用挖修裂纹补焊的方法。

（2）轮缘裂纹

轮缘裂纹多发生在叶片根槽处和沿圆周方向。检查轮缘裂纹多采用着色法。对轮缘裂纹可采用焊补工艺修复。

45. 叶轮变形的原因是什么？

引起叶轮变形的原因如下：

（1）机组超负荷运行或通流部分严重结垢，使隔板前后压差过大，引起变形。

（2）运行中，汽缸与转子热膨胀未控制好，出现过大的胀差，造成隔板与叶轮碰擦，使叶轮变形。

对于套装叶轮发生变形，最好是拆下叶轮放在架台上进行校正。校正整锻叶轮需要准备支承装置，加热和测温装置。

46. 检修时如何检查凝汽器铜管泄漏？

汽轮机检修时主要采用水压法和荧光法对凝汽器铜管进行查漏，后者多用于大容量机组。

（1）水压法　放完水侧存水后，用木柱或千斤顶支撑凝汽器四角弹簧支架。关闭循环水进出口阀，关闭凝结水出口阀及再循环阀。打开凝汽器两侧端盖，用压缩空气吹扫铜管内部。用凝汽器补水阀灌水，直至水位达凝汽器喉部。检查凝汽器铜管及胀口边缘有无泄漏。若系胀口泄漏应进行补胀；若是铜管破裂，应予以更换，或暂时将该铜管的两端堵死。被堵的铜管不得超过铜管总数的 5%，否则应进行更换。缺陷严重或更换铜管数量较多时，应在检修完毕后再作灌水试验。

（2）荧光法　荧光剂能在高度稀释的水溶液中发出绿色的荧光，当它受到一个激发光源照射时，其绿色的荧光显得格外明亮，并具有极好的渗透能力。因此，可将含有荧光黄钠的水溶液注入凝汽器汽侧，在黑暗的循环水室中，用紫外线探照灯照射，泄漏的铜管中会有黄绿色的光亮出现，便可判断出泄漏的铜管。荧光法查漏时，也要支撑凝汽器四角的弹簧支架。应放尽循环水，再开凝汽器两端水室及人孔门，用水冲洗干净管板。在向凝汽器灌水时，同时加入荧光剂。灌水高度应能淹没所有铜管为准。用抽气器将凝汽器汽侧空气抽除。然后用紫外线探照灯（或 GTX 发射型黑光高压水银蒸汽灯）从顶部开始，由上向下水平移动照射管板。若发现管板接近管口处有绿光，说明此管有泄漏。为避免影响检查其他管口，应先将泄漏的管口暂时堵死。

47. 如何清扫凝汽器水侧？

凝汽器水侧若是一般软垢，可用棕毛刷子刷净，不允许用钢丝刷子，否则将破坏铜管的保护膜。如果水垢很硬或垢下有腐蚀，可用酸洗，但必须有专门措施。为了防止铜管的电化脱锌，常在循环水的进口装锌板，有一定的效果。

48. 如何更换凝汽器铜管？

换管前应先将所需更换的管子作好记号，然后抽管子。抽管子的方法是，先用不淬火的鸭嘴扁錾子在铜管两端胀口处把铜管挤在一起，然后用大样冲从一端向另一端冲出，冲出管板一定距离后用手拉出管子。或把挤扁的管头割去，塞进一截钢棍，用夹子夹好将管子拉出。用砂布把管板孔和已退好火的铜管头打磨光后，将新铜管装入管板孔内，再用胀管器胀好。如果抽出铜管后，不装入新管子而用堵头堵塞时，必须先在管板上胀一节短铜管或用紫铜堵头，以免损坏管板孔。

49. 凝汽器常见的缺陷有哪些？如何消除？

（1）真空系统不严密，或凝结水硬度增大，可能是铜管破裂或胀口泄漏引起的。应进行查漏试验，找到泄漏部位，换管或加堵头，或重新胀管。

（2）铜管腐蚀、脱锌、结垢严重，可能是循环水水质恶化引起的。应对循环水进行处理。

（3）凝汽器铜管内被杂质、污物堵塞，可能是循环水过滤网破裂或循环水太脏。应更换滤网，清理冷却水池，改进过滤方式等。

50. 射水抽气器应检查哪些部位？

由于射水抽气器的水源多数是循环使用，多次反复循环使用将导致射水抽气器的喉部扩散管及抽气逆止阀处结一层较厚的盐垢，使抽气器的效率大大下降。检修时应清除水垢，检查抽气逆止阀的严密性，具体要求如下。

（1）喷嘴和扩压管内壁应光滑，无盐垢、蚀坑、锈污、毛刺和卷边等现象。

（2）喷嘴和扩压管的距离应正确，喷嘴出口水流束的中心线应与扩压管的中心线一致，并且水流能全部射入扩压管。

（3）空气侧逆止阀的动作应灵活可靠，经灌水试验，严密不漏。

（4）检查喷嘴和逆止阀弹簧有无裂纹。

51. 射汽抽气器如何检修？

射汽抽气器小修时，只消除一些缺陷。仅在大修时才全部解体。解体时，先拆开蒸汽管、空气管的法兰；再拆下带有喷嘴、扩压管的蒸汽室和外壳；把带有冷却器管束的管板与水室用螺栓拧在一起；在水室进出口装上堵板，并在一端接水泵进行水压试验（试验压力应为工作压力的1.5倍），检查管子有无渗漏；拆下管束用棕刷进行清洗。抽气器的喷嘴应拆下清理检查。测量喷嘴与扩压管喉部的直径，若与原设计值相差大时应予以更换。喷嘴与扩压管的中心线应保持一致，沿中心线相互的间距应与原设计值相符。喷嘴、扩压管内壁应光洁无裂纹、蚀坑、锈污、毛刺和卷边等现象。多级抽气器的级间隔板不应有渗漏现象，隔板端面应与法兰密封面处于同一平面内，若隔板端面有明显的凹心现象时，应进行处理。冷却器管束应清洁无杂物，无堵塞现象，无裂纹、砂眼和蚀坑。隔板与外壳间的间隙不应大于1mm。各疏水孔应畅通。蒸汽进口过滤网应清洁、畅通。

52. 除氧器应如何检查、清洗？

除氧器的检修主要是清理水箱、研磨阀门和检查喷嘴。检修水箱时，首先把与水箱连接的汽、水系统切断，阀门不严时应加堵板。将存水放净，然后打开水箱和除氧头的人孔门。先用压缩空气把水箱内部吹凉后，检修人员进入人孔，用钢丝刷子把内部铁锈、水垢刷净。取出铁锈及水垢，用干净水把水箱内部冲洗干净并擦干，涂上防锈漆。检查除氧头内部淋水盘是否平整、干净，要求孔眼不堵，四周扁铁高低一样不得有倾斜。喷嘴孔应畅通无堵塞，喷嘴的边缘部分不应有水冲蚀的痕迹。检查进水室焊缝是否有裂纹和泄漏现象，进行必要的处理。

53. 如何检查加热器泄漏？

检查加热器泄漏的方法有三种。

（1）打开水室盖或顶部人孔门、管板仍用螺栓拧在外壳上，关闭蒸汽阀、疏水阀和空气阀（关闭不严时应装堵板）。

用压力水灌满蒸汽室空间，按汽侧压力进行水压试验，查出泄漏的管子。

（2）关闭蒸汽阀、疏水阀后，用启动抽气器通过空气管在蒸汽室空间造成真空，用火焰在管板面上移动，检查出泄漏的管子。这种方法只适用于汽轮机真空系统尚未停止运行之前。

（3）将加热器管束吊出，放在专用架子上，再盖上水室盖子，在进出口法兰上加装堵板，接上水泵进行水压试验（试验压力应为工作压力的1.25倍）。这种方法只适用于低压加热器，且较难查出泄漏的管子。

54. 如何防止铜管腐蚀？

（1）加强新铜管的质量检验并提高安装工艺水平。

（2）对冷却水进行加氯处理，在冷却水进口装设过滤网。

（3）采用阴极保护法。

（4）硫酸亚铁造膜保护，主要用于以海水作冷却水的凝汽器。但实践证明，这种方法对以淡水作冷却水的凝汽器也是有效的。

（5）清扫是防腐的措施之一。

（6）采用耐腐蚀的金属制凝汽器管子。

参 考 文 献

1 沈惠坊编．蒸汽轮机．山东东营：石油大学，1992

2 西安电力学校．小型火力发电厂汽轮机设备及运行．北京：水利电力出版社，1974

3 赵永民主编．汽轮机设备及运行．北京：水利电力出版社，1989

4 席洪藻主编．汽轮机设备及运行．北京：水利电力出版社，1980

5 翦天聪主编．汽轮机原理．北京：中国电力出版社，1992

6 沈士一、庄贺庆、康松、庞立云合编．汽轮机原理，北京：水利电力出版社，1992

7 侯曼西主编．工业汽轮机．重庆：重庆大学出版社，1995

8 山西省电力工业局编．汽轮机设备检修技术(试用本)．北京：水利电力出版社，1985

9 王金田编著．汽轮机检修工艺．北京：水利电力出版社，1991

10 火电生产类学徒工初级工培训教材：汽轮机设备检修．北京：水利电力出版社，1983

11 代云修主编．汽轮机设备及运行．北京：中国电力出版社，2005

12 靳智平主编．电厂汽轮机原理及系统．北京：中国电力出版社，2004